◎贾燕 编著

U0276623

AutoCAD/3ds Max/Photoshop室内设计

实例教程 附教学视频

人民邮电出版社
北京

图书在版编目（CIP）数据

AutoCAD/3ds Max/Photoshop室内设计实例教程 : 附教学视频 / 贾燕编著. -- 北京 : 人民邮电出版社，2018.4（2024.1重印）
ISBN 978-7-115-46795-9

Ⅰ. ①A… Ⅱ. ①贾… Ⅲ. ①室内装饰设计－计算机辅助设计－AutoCAD软件－教材②室内装饰设计－计算机辅助设计－图形软件－教材③室内装饰设计－计算机辅助设计－三维动画软件 Ⅳ. ①TU238-39

中国版本图书馆CIP数据核字(2017)第274382号

内 容 提 要

　　本书先对 AutoCAD 2016 的基础知识进行讲解，再以一个大酒店的室内设计制图为例，从施工图到效果图的设计流程详细地展开讲解：首先讲述利用 AutoCAD 2016 进行施工图设计的方法与步骤，然后在前面施工图设计的基础上利用 3ds Max 2016 进行相应的效果图立体建模，再进一步利用 V-Ray 进行光线跟踪渲染，最后利用 Photoshop CC 进行后期合成处理与色彩调整。全书结构紧凑，内容丰富，在讲解基础知识的同时，完整地给读者展现了室内设计工程的具体实施方法与技巧。

　　本书可作为广大建筑和室内设计从业人员的学习参考书，也可作为建筑与室内设计相关专业和艺术设计相关专业的教材。

　◆ 编　　著　贾　燕
　　　责任编辑　税梦玲
　　　责任印制　沈　蓉　彭志环
　◆ 人民邮电出版社出版发行　　北京市丰台区成寿寺路 11 号
　　　邮编　100164　　电子邮件　315@ptpress.com.cn
　　　网址　http://www.ptpress.com.cn
　　　北京九州迅驰传媒文化有限公司印刷
　◆ 开本：787×1092　1/16
　　　印张：19　　　　　　　　　2018 年 4 月第 1 版
　　　字数：501 千字　　　　　　2024 年 1 月北京第 5 次印刷

定价：59.80 元（附光盘）

读者服务热线：(010)81055256　印装质量热线：(010)81055316
反盗版热线：(010)81055315

前言
Preface

  室内设计作为目前蓬勃发展的一门学科，融合了建筑工程与美术设计两大学科的设计艺术精华。

  现实的工程设计项目中，完整的室内设计包含室内设计施工图和效果图两部分，二者各有侧重，又相辅相成，共同组成室内设计的完整过程。

  现代室内设计随着计算机技术的发展已经完全地 CAD（计算机辅助设计）化，目前针对室内设计的各种 CAD 软件很多，也各有其独到的优势。历经多年实践检验，AutoCAD、3ds Max、V-Ray 和 Photoshop 作为优秀的 CAD 软件，已经得到室内设计人员的认同，成为流行的室内设计软件。在这 4 大软件中，AutoCAD 主要用于室内建筑施工图的设计；3ds Max、V-Ray 和 Photoshop 组合进行室内建筑效果图的设计，其中 3ds Max 主要用于效果图立体建模，V-Ray 用于渲染处理，Photoshop 用于后期图像合成和色彩处理，三者各司其职，发挥各自的优势，共同完成室内建筑效果图的设计。

  在本书的制作中，作者收集了室内设计最新的权威信息，并根据软件新版本的特点，围绕一个大酒店的室内设计——从施工图到效果图的完整设计流程，循序渐进地讲解了 AutoCAD、3ds Max 和 V-Ray 以及 Photoshop 相结合所进行的室内设计施工图、室内建模、灯光设置、材质设定、光能计算、渲染输出和后期处理的方法与技巧。

  本书与其他教材相比，具有以下特点。

1. 作者权威，经验丰富

  本书的作者是具有多年教学经验的业内专家，本书是作者总结多年的设计经验以及教学心得，历时多年精心编著而成的，力求全面细致地展现出 AutoCAD、3ds Max、V-Ray 和 Photoshop 在室内装潢设计应用领域的各种功能和使用方法。

2. 实例典型，步步为营

  作为 AutoCAD、3ds Max、V-Ray 和 Photoshop 这些专业软件在室内装潢设计领域应用的教材，本书力求避免空洞的介绍和描述，而是用实例贯穿全书，采用室内装潢设计实例来逐个介绍，这样读者在实例操作过程中不但牢固地掌握了软件功能，还提高了室内装潢设计实践技能。本书实例种类丰富，有讲解知识点的小实例，有综合几个知识点或全章知识点的综合实例，有帮助读者练习提高的上机实例，更有完整实用的工程案例。

3. 紧贴认证考试实际需要

  本书在编写过程中参照了 Autodesk 中国官方认证的考试大纲和室内装潢设计相关标准，并由 Autodesk 中国认证考试中心首席专家胡仁喜博士精心审校。全书的实例和基础知识覆盖了 Autodesk 中国官方认证考试内容，大部分的上机操作来自认证考试题库，对那些有意愿参加 Autodesk 中国官方认证考试的读者提供帮助。

4. 提供教学视频及光盘

  为了方便广大读者更加形象直观地学习 AutoCAD、3ds Max、V-Ray 和 Photoshop 室内装潢设计，书中的所有案例均录制了微课视频，读者可扫描案例对应的二维码，在线观看教学视频也可通过光盘本地查看。另外，本书还提供所有案例的源文件、与书配套的 PPT 课件，以及考试模拟试卷等资料，以帮助初学者快速提升。

    本书由河北传媒学院的贾燕副教授编著，Autodesk 中国认证考试中心首席专家、石家庄三维书屋文化传播有限公司的胡仁喜博士对全书进行了审校，李兵、甘勤涛、孙立明、宫鹏涵、王正军等为此书的编写提供了大量帮助，在此一并对他们表示感谢。

编者

2018 年 1 月

目录
Contents

第1章 室内设计概述	1	
1.1 室内设计基本知识	2	
1.2 室内设计制图基本知识	5	
1.2.1 室内设计制图概述	5	
1.2.2 室内设计制图的要求及规范	5	
1.2.3 室内设计制图的内容	11	
1.2.4 室内设计制图的计算机应用软件简介	13	

第2章 AutoCAD 基础	14
2.1 绘图环境设置	15
2.1.1 操作界面	15
2.1.2 系统参数配置	24
2.1.3 设置绘图参数	25
2.2 基本输入操作	27
2.2.1 命令输入方式	27
2.2.2 命令的重复、撤销、重做	28
2.2.3 透明命令	28
2.2.4 按键定义	29
2.2.5 命令执行方式	29
2.2.6 坐标系统与数据的输入方法	29
2.3 绘图辅助工具	31
2.3.1 精确定位工具	31
2.3.2 图形显示工具	36
2.4 基本绘图和编辑命令	38
2.4.1 基本绘图命令的使用	38
2.4.2 基本编辑命令的使用	38
2.5 图层设置	39
2.5.1 建立新图层	39
2.5.2 设置图层	42
2.5.3 控制图层	44
2.6 文字、表格样式与标注样式	45

2.6.1 设置文字样式	45
2.6.2 设置标注样式	45
2.6.3 设置表格样式	46
2.7 图块及其属性	47
2.7.1 图块操作	47
2.7.2 图块的属性	48
2.8 设计中心与工具选项板	50
2.8.1 设计中心	50
2.8.2 工具选项板	51
2.9 对象查询	53
2.9.1 查询距离	54
2.9.2 查询面积	54

第3章 大酒店大堂室内设计图绘制	55
3.1 大堂室内设计要点	56
3.2 建筑平面图绘制	56
3.2.1 绘制思路分析	57
3.2.2 绘制步骤	57
3.2.3 系统设置	57
3.2.4 轴网绘制	58
3.2.5 柱子绘制	62
3.2.6 剪力墙绘制	63
3.2.7 墙体绘制	63
3.2.8 门窗绘制	64
3.2.9 楼梯、台阶绘制	65
3.2.10 电梯绘制	66
3.3 大堂室内平面图绘制	67
3.3.1 一层平面功能流线分析	67
3.3.2 大堂平面布局	67
3.3.3 地面材料及图案绘制	72
3.3.4 文字、尺寸及符号标注	75
3.4 大堂室内立面图绘制	77

3.4.1 概述 78

3.4.2 A 立面图绘制 78

3.4.3 B 立面图绘制 80

3.4.4 C 立面图绘制 82

3.5 大堂室内顶棚图绘制 84

3.5.1 对建筑平面图进行整理 84

3.5.2 顶棚造型的绘制 84

3.5.3 灯具布置 86

3.5.4 尺寸、文字及符号标注 87

第 4 章 大酒店客房室内设计图 绘制 89

4.1 客房室内设计要点 90

4.1.1 客房的总体特征 90

4.1.2 客房的功能及种类 90

4.1.3 家具陈设及布置 90

4.1.4 空间尺度要求 91

4.1.5 室内装修特点 91

4.1.6 室内物理环境 91

4.2 客房室内平面图绘制 91

4.2.1 建筑平面图的绘制 91

4.2.2 标准层平面功能分析 92

4.2.3 标准层平面总体布局 92

4.2.4 标准间平面图绘制 93

4.2.5 其他客房平面图 97

4.2.6 形成客房标准层平面图 100

4.3 客房室内立面图绘制 101

4.3.1 立面图①的绘制 101

4.3.2 立面图②的绘制 105

4.3.3 卫生间立面图 108

4.3.4 公共走道立面图绘制 109

4.3.5 客房会议室立面绘制 114

4.4 客房室内顶棚图绘制 119

4.4.1 标准间顶棚图绘制 119

4.4.2 套间顶棚图绘制 122

4.4.3 公共走道顶棚图绘制 124

4.4.4 客房会议室顶棚图绘制 127

4.4.5 组合客房标准层顶棚图绘制 128

第 5 章 3ds Max 2016 基础 129

5.1 3ds Max 2016 界面介绍 130

5.1.1 菜单栏 130

5.1.2 工具栏 131

5.1.3 命令面板 132

5.1.4 视图 134

5.1.5 视图控制区 135

5.2 3ds Max 2016 建模 135

5.2.1 二维图形绘制与编辑 135

5.2.2 由二维图形生成三维造型 136

5.2.3 标准几何体 136

5.2.4 其他建模工具 139

5.3 3ds Max 2016 灯光 139

5.3.1 灯光基本简介 139

5.3.2 基本灯光应用实例 141

5.4 3ds Max 2016 材质编辑器简介 146

5.4.1 材质编辑器简介 146

5.4.2 基本材质实例 152

5.5 贴图技术 159

5.5.1 透明贴图处理 159

5.5.2 置换贴图处理 163

第 6 章 建立大酒店 3ds Max 立体 模型 166

6.1 建立大堂立体模型 167

6.1.1 导入 AutoCAD 模型并进行 调整 167

6.1.2 建立完整的大堂模型 168

6.1.3 添加灯光 188

6.2 建立标准间的立体模型 189

6.2.1 导入 AutoCAD 模型并进行 调整 189

6.2.2 建立完整的标准间模型 190

6.2.3 添加灯光 197

6.3 建立卫生间的立体模型 198

6.3.1 导入 AutoCAD 模型并进行 调整 199

6.3.2 建立完整的卫生间模型 200

6.3.3 添加灯光 205

6.4 建立会议室的立体模型 205

6.4.1 导入 AutoCAD 模型并进行 调整 205

6.4.2 建立完整的会议室模型 206

6.4.3 添加灯光 214

6.5 建立宾馆标准层和公共走道的立体
模型 216

6.5.1 导入 AutoCAD 模型并进行
调整 216

6.5.2 建立标准层公共走道基本
模型 216

6.5.3 添加灯光 225

第 7 章　V-Ray 基础　227

7.1 V-Ray 的操作界面介绍 228

7.2 V-Ray 渲染器的渲染常识 231

7.2.1 V-Ray 渲染器的特点 231

7.2.2 V-Ray 渲染器灯光类型及
特点 231

7.3 V-Ray 材质 231

7.3.1 V-RayMtl 材质 232

7.3.2 V-Ray 材质包裹器（VRayMtl-
Wrapper Parameters） 232

7.3.3 灯光材质（V-RayLightMtl） 233

7.3.4 双面材质（V-Ray2sidedMtl） 233

7.3.5 混合材质（V-RayBlendMtl） 234

第 8 章　大酒店三维模型渲染　235

8.1 对大堂进行渲染 236

8.1.1 指定 V-Ray 渲染器 236

8.1.2 赋予 V-Ray 材质 237

8.1.3 V-Ray 渲染 240

8.2 对标准间进行渲染 244

8.2.1 指定 V-Ray 渲染器 244

8.2.2 赋予 V-Ray 材质 244

8.2.3 V-Ray 渲染 246

8.3 对卫生间进行渲染 247

8.3.1 指定 V-Ray 渲染器 247

8.3.2 赋予 V-Ray 材质 248

8.3.3 V-Ray 渲染 250

8.4 对会议室进行渲染 252

8.4.1 指定 V-Ray 渲染器 252

8.4.2 赋予 V-Ray 材质 252

8.4.3 V-Ray 渲染 254

8.5 对公共走道进行渲染 257

8.5.1 指定 V-Ray 渲染器 257

8.5.2 赋予 V-Ray 材质 257

8.5.3 V-Ray 渲染 258

第 9 章　Photoshop CC 基础　260

9.1 Photoshop CC 简介 261

9.1.1 Photoshop CC 主要界面介绍 261

9.1.2 Photoshop CC 的优化和重要
组合键 263

9.2 Photoshop CC 的基本操作 265

9.2.1 图像文件的管理 265

9.2.2 图像文件的视图控制 266

9.3 Photoshop CC 的颜色运用 269

9.3.1 选择颜色 269

9.3.2 使用填充工具 272

9.3.3 快速调整图像的颜色和色调 275

9.3.4 重新着色控制 277

9.3.5 通道颜色混合 280

9.3.6 黑白图像上色 281

第 10 章　大酒店室内设计后期
处理　283

10.1 对大堂进行后期处理 284

10.1.1 添加人物和饰物 284

10.1.2 调整效果图整体效果 286

10.2 对标准间进行后期处理 287

10.2.1 添加饰物 287

10.2.2 调整效果图整体效果 289

10.3 对卫生间进行后期处理 290

10.4 对会议室进行后期处理 291

10.4.1 添加饰物 292

10.4.2 调整效果图整体效果 293

10.5 对公共走道进行后期处理 294

第1章

室内设计概述

■ 为了让初学者对室内设计有一个大致的了解，本章将介绍室内设计的基本知识。由于它不是本书的主要内容，所以只做简明扼要的介绍。对于室内设计的基本知识，初学者仅仅阅读这一部分是远远不够的，还应该参考其他相关书籍，在此特别说明。

■ 室内设计图样是交流设计思想、传达设计意图的技术文件，是室内装饰施工的依据，所以，它应该遵循统一的制图规范，在正确的制图理论及方法的指导下完成，否则就会失去图样的意义。因此，即使是在当今大量采用计算机绘图的形势下，仍然有必要掌握基本绘图知识。考虑到部分读者未经过常规的制图训练，因此在本节中将必备的制图知识做一个简单介绍。

1.1 室内设计基本知识

一般来说，室内设计工作出现在整个工程建设过程的以下 3 个时期。

（1）室内设计与建筑设计、景观设计同期进行。这种方式有利于室内设计师与建筑设计师、景观设计师配合，使建筑室内环境和室外环境风格协调统一，为创作出良好的建筑作品提供了条件。

（2）在建筑设计完成后、建筑施工未结束之前进行室内设计。室内设计师在参照建筑、结构及水暖电等设计图样资料的同时，也需要和各部门、各工程师交流设计思想，同时注意施工中难以避免更改的部位，并做出相应的调整。

（3）在主体工程施工结束后进行室内设计。这种情况下室内设计师对建筑空间的规划设计参与性最小，基本上是在建筑师设计成果的基础上来完成室内环境设计。当然，在一些大跨度、大空间结构体系中，设计师的自由度还是比较大的。

室内设计中的几个要素。

1. 设计前的准备工作

（1）明确设计任务及要求，包括：功能要求、工程规模、装修等级标准、总造价、设计期限及进度、室内风格特征及室内氛围趋向、文化内涵等。

（2）现场踏勘收集第一手资料，收集必要的相关工程图，查阅同类工程的设计资料或现场参观学习同类工程，获取设计素材。

（3）熟悉相关标准、规范和法规的要求，熟悉定额标准，熟悉市场的设计取费惯例。

（4）与业主签订设计合同，明确双方责任、权利及义务。

（5）考虑与各工种协调配合的问题。

2. 两个出发点和一个归宿

室内设计力图满足使用者物质上和精神上的各种需求。在进行室内设计时，应注意两个出发点：一个是室内环境的使用者；另一个是既有的建筑条件，包括建筑空间情况、配套的设备条件（水、暖、电、通信等）及建筑周边环境特征。

第一个出发点是基于以人为本的设计理念提出的。对于装修工程，小到个人、家庭，大到一个集团的全体职员，都是设计师服务的对象。有的设计师比较倾向于表现个人艺术风格，而忽略了这一点。从使用者的角度考虑，应注意以下几个方面。

（1）人体尺度。考虑人体尺度，可以获得人在室内空间里完成各种活动时所需的动作范围，作为确定构成室内空间各部分尺度的依据。在很多设计手册里都有各种人体尺度的参数，读者在需要时可以查阅。然而，仅仅满足人体活动的空间是不够，确定空间尺度时还需考虑人的心理需求空间，它的范围比活动空间大。此外，在特意塑造某种空间意象（例如高大、空旷、肃穆等）时，空间尺度还要做相应的调整。

（2）室内功能要求、装修等级标准、室内风格特征及室内氛围趋向、文化内涵要求等。一方面设计师可以直接从业主那里获得这些信息，另一方面设计师也可以就这些问题给业主提出建议或者跟业主协商解决。

（3）造价控制及设计进度。室内设计要考虑客户的经济承受能力，否则无法实施。如今生活和工作的节奏比较快，把握设计期限和进度，有利于按时完成设计任务，保证设计质量。

第二个出发点目的在于仔细把握现有的建筑客观条件，充分利用它的有利因素，局部纠正或规避不利因素。

设计师在室内作品的设计过程中还需要考虑空间布局、室内色彩、装饰材料、室内物理环境、室内家具陈设、室内绿化因素、设计方法和表现技能等。

3. 空间布局

人们在室内空间里进行生活、学习、工作等各种活动时，每一种相对独立的活动都需要一个相对独立的空间，如会议室、商店、卧室等。从一个相对独立的空间过渡到另一个相对独立的空间，这中间就需要一个交通空间，例如走道。人的室内行为模式和规范影响着空间的布置，反过来，空间的布置又有利于引导和规范人的行为模式。此外，人在室内活动时，对空间除了物质上的需求，还有精神上的需求。物质需求包括空间大小及性状、家具陈设、人流交通、消防安全、声光热物理环境等；精神需求是指空间形式和特征能否反映业主的情趣和美的享受，能否对人的心理情绪进行良性的诱导。从这个角度来看，不难理解各种室内空间的形成、功能及布置特点。

在进行空间布局时，一般要注意动静分区、洁污分区、公私分区等问题。动静分区是指相对嘈杂的空间和相对安静的空间应有一定程度的分离，以免互相干扰。例如在住宅里，餐厅、厨房、客厅与卧室相互分离；在宾馆里，客房部与餐饮部相互分离等。洁污分区，也叫干湿分区，指的是其他清洁、干燥的空间应该跟诸如卫生间、厨房这种潮湿环境分离。公私分区是针对空间的私密性问题提出来的，空间要体现私密、半私密、公开的层次特征。另外，还有主要空间和辅助空间之分。主要空间应争取布置在具有多个有利因素的位置上，辅助空间布置在次要位置上。这些是对空间布置上的普遍看法，在实际操作中则应具体问题具体分析，做到有理有据、灵活处理。

室内设计师直接参与建筑空间的布局和划分的机会较小。大多情况下，室内设计师面对的是已经布局好了的空间。比如在一套住宅里，客厅、卧室、厨房等空间和它们之间的连接方式基本上已经确定；再如写字楼里办公区、卫生间、电梯间等空间及相对位置也已确定。于是，设计师在把握建筑师空间布局特征的基础上，需要亲自处理的是更微观的空间布局。比如在住宅里，应如何布置沙发、茶几、家庭影视设备等家具家电，如何处理地面、墙面、顶棚等构成要素以完善室内空间；再如将一个建筑空间布置成快餐店时，应考虑哪个区域布置就餐区，哪个区域布置服务台，哪个区域布置厨房，流线如何引导等。

4. 室内色彩和材料

人类视觉感受到的颜色来源于可见光波。可见光的波长范围为 $380\sim780nm$，依波长由大到小呈现出红、橙、黄、绿、青、蓝、紫颜色及中间颜色。当可见光照射到物体上时，一部分波长的光线被吸收，而另一部分波长的光线被反射，反射光线在人的视网膜上呈现的颜色，就被认为是物体的颜色。颜色具有 3 个要素，即色相、明度和彩度。色相，指一种颜色与其他颜色相区别的特征，如红色与绿色相区别，它由光的波长决定。明度，指颜色的明暗程度，它取决于光波的振幅。彩度，指某一纯色在颜色中所占的比例，有时也将它称为纯度或饱和度。设计师在进行室内色彩设计时，应注意以下几个方面。

（1）室内环境的色彩主要反映为空间各部件的表面颜色以及各种颜色相互影响后的视觉感受，它们还受光源（自然光、人工光）的照度、光色和显色性等因素的影响。

（2）仔细结合材质、光线研究色彩的选用和搭配，使之协调统一，有情趣、有特色，能突出主题。

（3）考虑室内环境使用者的心理需求、文化倾向和要求等因素。

（4）材料的选择，须注意材料的质地、性能、色彩、经济性、健康环保等方面。

5. 室内物理环境

室内物理环境是室内光环境、声环境、热工环境的总称。这 3 个方面直接影响着人的学习与工作效率、人的生活质量、身心健康等，是提高室内环境质量不可忽视的因素。

（1）室内光环境

室内的光线，来源于两个方面，一方面是自然光，另一方面是人工光。自然光由直射太阳光和阳光穿过地球大气层时扩散而成的天空光组成。人工光主要是指各种电光源发出的光线。

尽量争取利用自然光满足室内的照度要求，在不能满足照度要求的地方辅助人工照明。一般情况下，特别是在冬天，一定量的直射阳光照射到室内，有利于室内杀菌和人的身体健康；在夏天，炎热的阳光射到室内会使室内迅速升温，长时间会使室内陈设物品褪色、变质等，所以应注意遮阳、隔热问题。

现代用的照明电光源可分为两大类：一类是白炽灯，另一类是气体放电灯。白炽灯是靠灯丝通电加热到高温而放出热辐射光，如普通白炽灯、卤钨灯等；气体放电灯是靠气体激发而发光，属冷光源，如荧光灯、高压钠灯、低压钠灯、高压汞灯等。

照明设计应注意以下几个因素：①合适的照度；②适当的亮度对比；③宜人的光色；④良好的显色性；⑤避免眩光；⑥正确的投光方向。除此之外，在选择灯具时，应注意其发光效率、寿命及是否便于安装等因素。目前国家出台的相关照明设计标准中规定有各种室内空间的平均照度标准值，许多设计手册中也提供了各种灯具的性能参数，读者可以参阅。

（2）室内声环境

室内声环境的处理，主要包括两个方面：一方面是室内音质的设计，如音乐厅、电影院等，目的是提高室内音质，满足应有的听觉效果；另一方面是隔声与降噪，旨在隔绝和降低各种噪声对室内环境的干扰。

（3）室内热工环境

室内热工环境受室内热辐射、室内温度、湿度、空气流速等因素综合影响。为了满足人们舒适、健康的要求，在进行室内设计时，应结合空间布局、材料构造、家具陈设、色彩、绿化等方面综合考虑。

6．室内家具陈设

家具是室内环境的重要组成部分，也是室内设计需要处理的重点之一。室内家具大部分是到市场、工厂购买或定做的，也有少部分家具由室内设计师直接进行设计。在选购和设计家具时，应该注意以下几个方面。

（1）家具的功能、尺度、材料及做工等。

（2）形式美的要求，宜与室内风格、主题协调。

（3）业主的经济承受能力。

（4）充分利用室内空间。

室内陈设一般包括各种家用电器、运动器材、器皿、书籍、化妆品、艺术品及其他个人收藏等。处理这些陈设物品，宜适度、得体，避免庸俗化。

此外，室内各种织物的功能、色彩、材质的选择和搭配也是不容忽视的。

7．室内绿化

绿色植物是生机盎然的象征，把绿化引进室内有助于塑造室内环境。常见的室内绿化有盆栽、盆景、插花等形式，一些公共室内空间和一些居住空间会综合运用花木、山石、水景等园林手法来达到绿化目的，例如宾馆的中庭设计等。

绿化能够改善和美化室内环境，可以在一定程度上改善空气质量，改善人的心情，也可以利用它来分隔空间、引导空间，突出或遮掩局部位置，它的功能可灵活多样。

进行室内绿化时，应该注意以下因素。

（1）植物是否对人体有害。注意植物散发的气味是否有害健康，或者使用者对植物的气味是否过敏，有刺的植物不应让儿童接近等。

（2）植物的生长习性。注意植物喜阴还是喜阳、喜潮湿还是喜干燥、常绿还是落叶等习性，注意土壤需求、花期、生长速度等。

（3）植物的形状、大小和叶子的形状、大小、颜色等。注意选择合适的植物和合适的搭配。

（4）与环境协调，突出主题。

（5）精心设计、精心施工。

8．室内设计制图

不管多么优秀的设计思想都要通过图样来传达。准确、清晰、美观的制图是室内设计不可缺少的部分，对中标和指导施工起着重要的作用，是设计师必备的技能。

1.2　室内设计制图基本知识

1.2.1　室内设计制图概述

1．室内设计制图的概念

室内设计图是室内设计人员用来表达设计思想、传达设计意图的技术文件，是室内装饰施工的依据。室内设计制图就是根据正确的制图理论及方法，按照国家统一的室内制图规范将室内空间 6 个面上的设计情况在二维图面上表现出来，它包括室内平面图、室内顶棚平面图、室内立面图、室内细部节点详图等。住房和城乡建设部出台的《房屋建筑制图统一标准》（GB/T 50001—2010）和《建筑制图标准》（GB/T 50104—2010）是室内设计中手工制图和计算机制图的依据。

2．室内设计制图的方式

室内设计制图有手工制图和计算机制图两种方式。手工制图又分为徒手绘制和工具绘制两种。

手工制图应该是设计师必须掌握的技能，也是学习 AutoCAD 软件或其他计算机绘图软件的基础。尤其是徒手绘画，往往是体现设计师素养和职场上的闪光点。采用手工制图的方式可以绘制全部的图样文件，但是需要花费大量的精力和时间。计算机制图是指操作绘图软件在计算机上画出所需图形，并形成相应的图形文件，通过绘图仪或打印机将图形文件输出，形成具体的图样。一般情况下，手绘方式多用于方案构思设计阶段，计算机制图多用于施工图设计阶段。这两种方式同等重要，不可偏废。本书将重点讲解应用 AutoCAD 绘制室内设计图，对于手工制图不做具体介绍，读者若需要加强这项技能，可以参考其他相关书籍。

3．室内设计制图程序

室内设计制图的程序是跟室内设计的程序相对应的。室内设计一般分为方案设计阶段和施工图设计阶段。方案设计阶段形成方案图（有的书籍将该阶段细分为构思分析阶段和方案图阶段），施工图设计阶段形成施工图。方案图包括平面图、顶棚图、立面图、剖面图及透视图等，一般要进行色彩表现，它主要用于向业主或招标单位进行方案展示和汇报，所以其重点在于形象地表现设计构思。施工图包括平面图、顶棚图、立面图、剖面图、节点构造详图及透视图，它是施工的主要依据，因此它需要详细、准确地表示出室内布置、各部分的大小形状、材料、构造做法及相互关系等各项内容。

1.2.2　室内设计制图的要求及规范

1．图幅、图标及会签栏

图幅即图面的大小。根据国家规范的规定，按图面长和宽的大小确定图幅的等级。室内设计常用的图幅有 A0（也称 0 号图幅，其余类推）、A1、A2、A3 及 A4，每种图幅的长宽尺寸如表 1-1 所示，表中的尺寸代号意义如图 1-1、图 1-2 所示。

表 1-1　图幅标准　　　　　　　　　　　　　　　　　　　　　　　　　　　　　　　mm

尺寸代号	A0	A1	A2	A3	A4
b×1	841×1189	594×841	420×594	297×420	210×297
c	10			5	
a	25				

图标即图纸的图标栏，它包括设计单位名称、工程名称、签字区、图名区及图号区等内容。一般图标格式如图 1-3 所示，如今不少设计单位采用自己个性化的图标格式，但是仍必须包括这几项内容。

图 1-1　A0～A3 图幅格式

图 1-2　A4 图幅格式

图 1-3　图标格式

会签栏是各工种负责人审核后签名用的，它包括专业、姓名、日期等内容，具体内容根据需要设置，图 1-4 所示为其中一种格式，对于不需要会签的图样，可以不设此栏。

图 1-4　会签栏格式

2．线型要求

室内设计图主要由各种线条构成，不同的线型表示不同的对象和不同的部位，代表了不同的含义。为了图面能够清晰、准确、美观地表达设计思想，工程实践中采用了一套常用的线型，并规定了它们的使用范围，如表1-2所示。在AutoCAD中可以通过"图层"中"线型""线宽"的设置来选定所需线型。

标准实线宽度 b=0.4～0.8mm。

3．尺寸标注

第2章将详细介绍尺寸标注的设置问题。

4．文字说明

在一幅完整的图样中用图线方式表现得不充分和无法用图线表示的地方，就需要进行文字说明，例如材料名称、构配件名称、构造做法、统计表及图名等。文字说明是图样内容的重要组成部分，制图规范对文字标注中的字体、字的大小、字体字号搭配等方面做了一些具体规定。

（1）一般原则：字体端正，排列整齐，清晰准确，美观大方，避免过于个性化的文字标注。

表1-2　常用线型

名称	线型		线宽	适用范围
实线	粗	——————————	b	1．平、剖面图中被剖切的主要建筑构造（包括构配件）的轮廓线； 2．建筑立面图或室内立面图的外轮廓线； 3．建筑构造详图中被剖切的主要部分的轮廓线； 4．建筑构配件详图中的外轮廓线； 5．平、立、剖面的剖切符号
	中粗	——————————	$0.7b$	1．平、剖面图中被剖切的次要建筑构造（包括构配件）的轮廓线； 2．建筑平、立、剖面图中建筑构配件的轮廓线； 3．建筑构造详图及建筑构配件详图中的一般轮廓线
	中	——————————	$0.5b$	小于$0.7b$的图形线、尺寸线、尺寸界限、索引符号、标高符号、详图材料做法引出线、粉刷线、保温层线、地面、墙面的高差分界线等
	细	——————————	$0.25b$	图例填充线、家具线、纹样线等
虚线	中粗	— — — — — —	$0.7b$	1．建筑构造详图及建筑构配件不可见的轮廓线； 2．平面图中的梁式起重机（吊车）轮廓线； 3．拟建、扩建建筑物轮廓线
	中	— — — — — —	$0.5b$	投影线，小于$0.5b$的不可见轮廓线
	细	– – – – – –	$0.25b$	图例填充线、家具线等

续表

名称		线型	线宽	适用范围
单点长画线	细		0.25*b*	轴线、构配件的中心线、对称线等
折断线	细		0.25*b*	省略画图样时的断开界限
波浪线	细		0.25*b*	构造层次的断开界线，有时也表示省略画出时的断开界限

（2）字体：一般标注推荐采用仿宋字，标题可用楷体、隶书、黑体字等。例如：

仿宋：室内设计（小四）室内设计（四号）室内设计（二号）

黑体：**室内设计（四号）室内设计（小二）**

楷体：室内设计（四号）室内设计（二号）

隶书：**室内设计（三号）室内设计（一号）**

字母、数字及符号：0123456789abcdefghijk%@ 或

0123456789abcdefghijk%@

（3）字的大小：标注的文字高度要适中。同一类型的文字采用同一大小的字，较大的字用于较概括性的说明内容，较小的字用于较细致的说明内容。

（4）字体及字号的搭配注意体现层次感。

5. 常用图示标志

（1）详图索引符号及详图符号：室内平、立、剖面图中，在需要另设详图表示的部位，标注一个索引符号，以表明该详图的位置，这个索引符号即详图索引符号。详图索引符号采用细实线绘制，圆圈直径10mm。图 1-5（d）～（g）所示的形式用于索引剖面详图，当详图就在本张图纸时采用如图 1-5（a）所示的形式，详图不在本张图纸时，采用如图 1-5（b）～（g）所示的形式。

图 1-5 详图索引符号

详图符号即详图的编号，用粗实线绘制，圆圈直径 14mm，如图 1-6 所示。

图 1-6　详图符号

（2）引出线：由图样引出一条或多条线段指向文字说明，该线段就是引出线。引出线与水平方向的夹角一般采用 0°、30°、45°、60°、90°，常见的引出线形式如图 1-7 所示。图 1-7（a）~（d）为普通引出线，图 1-7（e）~（h）为多层构造引出线。使用多层构造引出线时，应注意构造分层的顺序要与文字说明的分层顺序一致。文字说明可以放在引出线的端头，如图 1-7（a）~（h）所示，也可放在引出线水平段之上（见图 1-7（i））。

图 1-7　引出线形式

（3）内视符号：在房屋建筑中，一个特定的室内空间领域总是由竖向分隔（隔断或墙体）来界定，因此，根据具体情况，就有可能绘制 1 个或多个立面图来表达隔断、墙体及家具、构配件的设计情况。内视符号标注在平面图中，包含视点位置、方向和编号 3 个信息，建立平面图和室内立面图之间的联系。内视符号的形式如图 1-8 所示。图中立面图编号可用英文字母或阿拉伯数字表示，黑色的箭头指向表示立面的方向；图 1-8（a）为单向内视符号，图 1-8（b）为双向内视符号，图 1-8（c）为四向内视符号，A、B、C、D 顺时针标注。

图 1-8　内视符号

为了方便读者查阅，现将其他常用符号及其意义统计到表 1-3 中。

表 1-3 室内设计图常用符号图例

符号	说明	符号	说明
	标高符号，线上数字为标高值，单位为 m。右面一个在标注位置比较拥挤时采用		表示坡度
	标注剖切位置的符号，标数字的方向为投影方向，"1"与剖面图的编号"4-1"对应		标注绘制断面图的位置，标数字的方向为投影方向，"2"与断面图的编号"2-2"对应
	对称符号。在对称图形的中轴位置画此符号，可以省画另一半图形		指北针
	楼板开方孔		楼板开圆孔
@	表示重复出现的固定间隔，例如"双向木格栅@500"	Φ	表示直径，如 Φ30
	图名及比例		索引详图名及比例
	单扇平开门		旋转门
	双扇平开门		卷帘门
	子母门		单扇推拉门
	单扇弹簧门		双扇推拉门
	四扇推拉门		折叠门
	窗		首层楼梯
	顶层楼梯		中间层楼梯

6. 常用材料符号

室内设计图中经常应用材料图例来表示材料，在无法用图例表示的地方，也采用文字说明。为了方便读者查阅，现将常用的图例统计到表 1-4 中。

表 1-4　常用材料图例

材料图例	说明	材料图例	说明
	自然土壤		夯实土壤
	毛石砌体		普通转
	石材		砂、灰土
	空心砖		松散材料
	混凝土		钢筋混凝土
	多孔材料		金属
	矿渣、炉渣		玻璃
	纤维材料		防水材料 上下两种根据绘图 比例大小选用
	木材		液体，须注明液体 名称

7. 常用绘图比例

下面列出常用绘图比例，读者根据实际情况灵活使用。

（1）平面图：1∶50、1∶100 等。

（2）立面图：1∶20、1∶30、1∶50、1∶100 等。

（3）顶棚图：1∶50、1∶100 等。

（4）构造详图：1∶1、1∶2、1∶5、1∶10、1∶20 等。

1.2.3　室内设计制图的内容

如前所述，一套完整的室内设计图包括平面图、顶棚图、立面图、构造详图和透视图。

1. 室内平面图

室内平面图是以平行于地面的切面在距地面 1.5 m 左右的位置将上部切去而形成的正投影图。室内平面图中应表达的内容如下文所示。

（1）墙体、隔断及门窗、各空间大小及布局、家具陈设、人流交通路线、室内绿化等；若不单独绘制地面材料平面图，则应该在平面图中表示地面材料。

（2）标注各房间尺寸、家具陈设尺寸及布局尺寸，对于复杂的公共建筑，则应标注轴线编号。

（3）注明地面材料名称及规格。

（4）注明房间名称、家具名称。

（5）注明室内地坪标高。

（6）注明详图索引符号、图例及立面内视符号。

（7）注明图名和比例。

（8）需要辅助文字说明的平面图，还要注明文字说明、统计表格等。

2．室内顶棚图

室内顶棚图是根据顶棚在其下方假想的水平镜面上的正投影绘制而成的镜像投影图。顶棚图中表达的内容如下文所示。

（1）顶棚的造型及材料说明。

（2）顶棚灯具和电器的图例、名称规格等说明。

（3）顶棚造型尺寸标注、灯具、电器的安装位置标注。

（4）顶棚标高标注。

（5）顶棚细部做法的说明。

（6）详图索引符号、图名、比例等。

3．室内立面图

以平行于室内墙面的切面将前面部分切去后，剩余部分的正投影图即室内立面图。立面图中应表达的内容如下所示。

（1）墙面造型、材质及家具陈设在立面上的正投影图。

（2）门窗立面及其他装饰元素立面。

（3）立面各组成部分尺寸、地坪吊顶标高。

（4）材料名称及细部做法说明。

（5）详图索引符号、图名、比例等。

4．构造详图

为了放大个别设计内容和细部做法，多以剖面图的方式表达局部剖开后的情况，这就是构造详图。构造详图中应表达的内容如下文所示。

（1）以剖面图的绘制方法绘制出各材料断面、构配件断面及其相互关系。

（2）用细线表示出剖视方向上看到的部位轮廓及相互关系。

（3）标出材料断面图例。

（4）用指引线标出构造层次的材料名称及做法。

（5）标出其他构造做法。

（6）标注各部分尺寸。

（7）标注详图编号和比例。

5．透视图

透视图是根据透视原理在平面上绘制出能够反映三维空间效果的图形，它与人的视觉空间感受相似。室内设计常用的绘制方法分为一点透视、两点透视（成角透视）、鸟瞰图 3 种。

透视图可以通过人工绘制，也可以应用计算机绘制，它能直观表达设计思想和效果，故也称作效果图或表现图，是一个完整的设计方案中不可缺少的部分。

1.2.4　室内设计制图的计算机应用软件简介

1. 二维图形的制作

这里的二维图形是指绘制室内设计平面图、立面图、剖面图、顶棚图、详图的矢量图形。在工程实践中应用最多的软件是美国 Autodesk 公司开发的 AutoCAD 软件，本书介绍的版本是 AutoCAD 2016。AutoCAD 是一个功能强大的矢量图形制作软件，它适用于建筑、机械、汽车、产品、服装等诸多行业，并且它为二次开发提供了良好的平台和接口。为了方便建筑设计及室内设计绘图，国内有关公司研发了一些基于 AutoCAD 的二次开发软件，如天正、圆方等。

2. 三维图形的制作

三维图形的制作分为两个步骤：一是建模，二是渲染。建模是指通过计算机建立室内空间的虚拟三维模型和灯光模型；渲染是指应用渲染软件对模型进行渲染。

（1）常用的建模软件有美国 Autodesk 公司开发的 AutoCAD、3ds Max、3DS VIZ 等。应用 AutoCAD 可以进行准确建模，但是它的渲染效果较差，一般需要导入 3ds Max 或 3DS VIZ 中附材质、设置灯光，而后渲染，而且还要处理好导入前后的接口问题。3ds Max 和 3DS VIZ 都是功能强大的三维建模软件，二者的界面基本相同。区别是 3ds Max 面向普遍的三维动画制作，而 3DS VIZ 是 Autodesk 公司专门为建筑、机械等行业定制的三维建模及渲染软件，它取消了建筑、机械行业不必要的功能，并增加了门窗、楼梯、栏杆、树木等造型模块和环境生成器，而且 3DS VIZ 4.2 以上的版本还集成了 V-Ray 的灯光技术，弥补了 3ds Max 在灯光技术上的欠缺。

（2）常用的渲染软件有 3ds Max、3DS VIZ 和 V-Ray 等。V-Ray 出色的是它的灯光技术，它不但能计算直射光产生的光照效果，而且能计算光线在界面上发生反射以后形成的环境光照效果，与真实情况更接近，因此渲染效果比较好，尤其被用在室内效果图制作中。但是，3ds Max 和 3DS VIZ 不断推出新版本，它们的灯光技术也越来越完善。

3. 后期制作

模型渲染以后一般需要进行后期处理，Adobe 公司开发的 Photoshop 是一个首选的、功能强大的平面图像后期处理软件。若需将设计方案做成演示文稿进行方案汇报，则可以根据具体情况选择 PowerPoint、Flash 及其他影音制作软件。

第2章

AutoCAD 基础

■ 本章介绍AutoCAD样板图的制作过程，包括图形范围和单位等绘图参数的设置、系统配置等。在绘制样板图的过程中，读者可以了解绘制样板图应该进行的准备工作，包括设置图层和文字样式、标注样式等。在绘制图形时，读者可以学习一般图形的绘制程序，包括一些辅助命令的使用等。

2.1 绘图环境设置

本节简要介绍 AutoCAD 2016 的初始绘图环境设置和系统参数配置，为读者进入后面的系统学习准备必要的前提知识。

2.1.1 操作界面

启动 AutoCAD 2016 后的默认界面是 AutoCAD 2009 及以后版本出现的新界面，为了便于学习和使用过以前版本的用户学习本书，本书采用 AutoCAD 草图与注释的操作界面介绍，如图 2-1 所示。

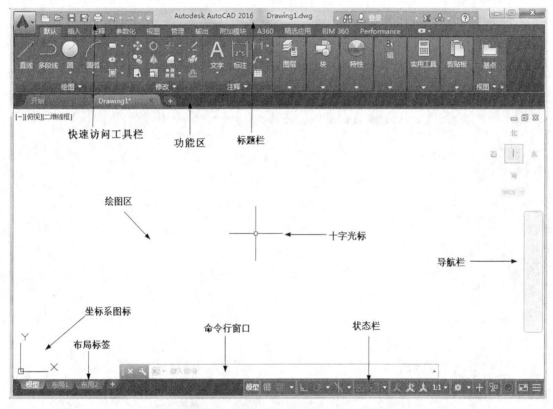

图 2-1　AutoCAD 2016 中文版操作界面

一个完整的草图与注释操作界面如图 2-1 所示，它包括标题栏、功能区、绘图区、十字光标、坐标系图标、命令行窗口、状态栏、导航栏、布局标签和快速访问工具栏等。

安装 AutoCAD 2016 后，在绘图区中右击鼠标，打开快捷菜单，如图 2-2 所示，首先选择"选项"命令，打开"选项"对话框，然后选择"显示"选项卡，将窗口元素对应的"配色方案"设置为"明"，如图 2-3 所示，最后单击"确定"按钮，退出对话框，其操作界面如图 2-4 所示。

图 2-2　快捷菜单　　　　　　　　　　　图 2-3　"选项"对话框

图 2-4　调整"配色方案"为"明"后的操作界面

1．标题栏

AutoCAD 2016 中文版绘图窗口的最上端是标题栏。标题栏中显示了系统当前正在运行的应用程序和用户正在使用的图形文件。第一次启动 AutoCAD 2016 时，在标题栏中将显示其在启动时创建并打开的图形文件的名称 Drawing1.dwg，如图 2-1 所示。

2．绘图区

绘图区是指在标题栏下方的大片空白区域，它是用户绘制图形的区域，用户设计图形的主要工作都是在绘图区中完成的。

在绘图区中有一个十字线，其交点反映了光标在当前坐标系中的位置。在 AutoCAD 中，将该十字线称为光标，如图 2-1 所示，AutoCAD 通过光标显示当前点的位置。十字线的方向与当前用户坐标系的 x 轴、y 轴方向平行，十字线的长度系统预设为屏幕大小的 5%。

（1）修改绘图窗口中十字光标的大小

光标的长度系统预设为屏幕大小的 5%，用户可以根据绘图的实际需要更改其大小。改变光标大小的方法如下。

在绘图窗口中选择菜单栏中的"工具"→"选项"命令，屏幕上将弹出关于系统配置的"选项"对话框。选择"显示"选项卡，在"十字光标大小"选项组的编辑框中直接输入数值，或者拖动编辑框后的滑块，即可对十字光标的大小进行调整，如图 2-5 所示。

此外，还可以通过设置系统变量 CURSORSIZE 的值，实现对其大小的更改，其方法是在命令行中输入如下命令。

命令：CURSORSIZE↙
输入 CURSORSIZE 的新值 <5>：

在提示下输入新值即可，默认值为 5%。

（2）修改绘图窗口的颜色

在默认情况下，AutoCAD 的绘图窗口是黑色背景、白色线条，这不符合大多数用户的习惯，因此修改绘图窗口的颜色是大多数用户都需要进行的操作。

修改绘图窗口颜色的步骤如下。

① 选择菜单栏中的"工具"→"选项"命令，打开"选项"对话框，如图 2-5 所示。选择"显示"选项卡，单击"窗口元素"选项组中的颜色按钮，将打开如图 2-6 所示的"图形窗口颜色"对话框。

图 2-5 "选项"对话框中的"显示"选项卡

图 2-6 "图形窗口颜色"对话框

② 在"图形窗口颜色"对话框的"颜色"下拉列表框中选择需要的窗口颜色，然后单击"应用并关闭"按钮，此时 AutoCAD 的绘图窗口颜色变成了选择的窗口背景色，通常按视觉习惯选择白色为窗口颜色。

3．坐标系图标

在绘图区域的左下角有一个箭头指向图标，称为坐标系图标，它表示用户绘图时使用的坐标系形式，如图 2-1 所示。坐标系图标的作用是为点的坐标确定一个参照系。根据工作需要，用户可以选择将其关闭。其方法是选择菜单栏中的"视图"→"显示"→"UCS 图标"→"开"命令，如图 2-7 所示。

4．菜单栏

在 AutoCAD 快速访问工具栏处调出菜单栏，如图 2-8 所示，调出后的菜单栏如图 2-9 所示。同其他 Windows 程序一样，AutoCAD 的菜单也是下拉式的，并在菜单中包含子菜单。AutoCAD 的菜单栏中包含 12 个菜单，分别是"文件""编辑""视图""插入""格式""工具""绘图""标注""修改""参数""窗口""帮助"，这些菜单几乎包含了 AutoCAD 的所有绘图命令，具体内容在此省略。一般来讲，AutoCAD 下拉菜单中的命令有以下 3 种。

图 2-7 "视图"菜单

图 2-8 调出菜单栏

图 2-9 菜单栏显示界面

（1）带有子菜单的菜单命令

这种类型的命令后面带有小三角形，例如，选择菜单栏中的"绘图"→"圆"命令，屏幕上就会进一步显示出"圆"子菜单中所包含的命令，如图 2-10 所示。

（2）打开对话框的菜单命令

这种类型的命令后面带有省略号，例如，选择菜单栏中的"格式"→"文字样式"命令，如图 2-11 所示，屏幕上就会打开对应的"文字样式"对话框，如图 2-12 所示。

图 2-10 带有子菜单的菜单命令

图 2-11 打开对话框的菜单命令

（3）直接执行操作的菜单命令

这种类型的命令后面既不带小三角形，又不带省略号，选择该命令将直接进行相应的操作。例如，选择菜单栏中的"视图"→"重画"命令，系统将刷新显示所有视图，如图 2-13 所示。

图 2-12 "文字样式"对话框

图 2-13 直接执行操作的菜单命令

5. 工具栏

工具栏是一组图标型工具的集合，选择菜单栏中的"工具"→"工具栏"→"AutoCAD"命令，调出所需要的工具栏，把光标移动到某个图标，稍停片刻即在该图标一侧显示相应的工具提示，同时在状态栏中，显示该图标对应的说明和命令名。此时，单击图标也可以启动相应命令。

（1）设置工具栏

AutoCAD 2016 的标准菜单提供了几十种工具栏，选择菜单栏中的"工具"→"工具栏"→"AutoCAD"命令，调出所需要的工具栏，如图 2-14 所示。用鼠标单击某一个未在界面上显示的工具栏名，系统自动在界面上打开该工具栏。反之，则关闭工具栏。

（2）工具栏的固定、浮动与打开

工具栏可以在绘图区浮动，如图 2-15 所示，此时显示该工具栏标题，并可关闭该工具栏，用鼠标拖动浮动工具栏到图形区边界，使它变为固定工具栏，此时该工具栏标题隐藏。也可以把固定工具栏拖出，使它成为浮动工具栏。

有些图标的右下角带有一个小三角，在该图标上单击鼠标左键会打开相应的工具栏，此时按住鼠标左键，将光标移动到某一图标上然后松手，该图标就变为当前图标。单击当前图标，执行相应命令，如图 2-16 所示。

6. 命令行窗口

命令行窗口是输入命令名和显示命令提示的区域，默认的命令行窗口布置在绘图区下方，是若干文本行，如图 2-17 所示。对命令行窗口有以下几点需要说明。

（1）移动拆分条，可以扩大与缩小命令行窗口。

（2）可以拖动命令行窗口，将其布置在屏幕上的其他位置。默认情况下布置在图形窗口的下方。

图 2-14　单独的工具栏标签

图 2-15　"浮动"工具栏

（3）对当前命令行窗口中输入的内容，可以按 F2 键用文本编辑的方法进行编辑，如图 2-17 所示。AutoCAD 文本窗口和命令行窗口相似，它可以显示当前 AutoCAD 进程中命令的输入和执行过程，在执行 AutoCAD 某些命令时，它会自动切换到文本窗口，列出有关信息。

（4）AutoCAD 通过命令行窗口反馈各种信息，包括出错信息。因此，用户要时刻关注在命令行窗口中出现的信息。

图 2-16　"打开"工具栏

图 2-17　文本窗口

7. 布局标签

AutoCAD 系统默认设定一个模型空间布局标签和"布局 1""布局 2"两个图样空间布局标签。在这里有两个概念需要解释一下。

（1）布局

布局是系统为绘图设置的一种环境，包括图样大小、尺寸单位、角度设定、数值精确度等，在系统预设的 3 个布局标签中，这些环境变量都按默认设置，用户可以根据实际需要改变这些变量的值，也可以根据需要设置符合自己要求的新标签。

（2）模型

AutoCAD 的空间分为模型空间和图样空间。模型空间是我们通常绘图的环境，而在图样空间中，用户可以创建叫作"浮动视口"的区域，以不同视图显示所绘图形。用户可以在图样空间中调整浮动视口并决定所包含视图的缩放比例。如果选择图样空间，则可打印多个视图，还可以打印任意布局的视图。AutoCAD 系统默认打开模型空间，用户可以通过鼠标单击选择需要的布局。

8. 状态栏

状态栏在屏幕的底部，依次有"坐标""模型空间""栅格""捕捉模式""推断约束""动态输入""正交模式""极轴追踪""等轴测草图""对象捕捉追踪""二维对象捕捉""线宽""透明度""选择循环""三维对象捕捉""动态 UCS""选择过滤""小控件""注释可见性""自动缩放""注释比例""切换工作空间""注释监视器""单位""快捷特性""图形性能""全屏显示""自定义"28 个功能按钮。单击这些功能按钮，可以实现功能的开关。

默认情况下，不会显示所有工具，可以通过状态栏上最右侧的按钮，选择要从"自定义"菜单显示的工具。状态栏上显示的工具可能会发生变化，具体取决于当前的工作空间以及当前显示的是"模型"选项卡还是"布局"选项卡。下面对部分状态栏上的按钮做简单介绍，如图 2-18 所示。

图 2-18　状态栏

- 模型或图纸空间：在模型空间与布局空间之间进行转换。
- 显示图形栅格：栅格是覆盖整个坐标系（UCS）XY 平面的直线或点组成的矩形图案。使用栅格类似于在图形下放置一张坐标纸。利用栅格可以对齐对象并直观显示对象之间的距离。
- 捕捉模式：对象捕捉对于在对象上指定精确位置非常重要。不论何时提示输入点，都可以指定对象捕捉。默认情况下，当光标移动到对象的捕捉位置时，将显示标记和工具提示。
- 正交限制光标：将光标限制在水平或垂直方向上移动，以便于精确地创建和修改对象。当创建或移动对象时，可以使用"正交"模式将光标限制在相对于用户坐标系（UCS）的水平或垂直方向上。
- 按指定角度限制光标（极轴追踪）：使用极轴追踪，光标将按指定角度进行移动。创建或修改对象时，可以使用"极轴追踪"来显示由指定的极轴角度所定义的临时对齐路径。
- 等轴测草图：通过设定"等轴测捕捉/栅格"，可以很容易地沿三个等轴测平面之一对齐对象。尽管等轴测图形看似三维图形，但它实际上是由二维图形表示。因此不能期望提取三维距离和面积、从不同视点显示对象或自动消除隐藏线。
- 显示捕捉参照线（对象捕捉追踪）：使用对象捕捉追踪，可以沿着基于对象捕捉点的对齐路径进行追踪。已获取的点将显示一个小加号（+），一次最多可以获取 7 个追踪点。获取点之后，在绘图路径上移动光标，将显示相对于获取点的水平、垂直或极轴对齐路径。例如，可以基于对象端点、中点或者对象的交点，沿着某个路径选择一点。
- 将光标捕捉到二维参照点（对象捕捉）：使用执行对象捕捉设置（也称为对象捕捉），可以在对象上的精确位置指定捕捉点。选择多个选项后，将应用选定的捕捉模式，以返回距离靶框中心最近的点。按 Tab 键以在这些选项之间循环。
- 显示注释对象：当图标亮显时表示显示所有比例的注释性对象；当图标变暗时表示仅显示当前比例的注释性对象。
- 在注释比例发生变化时，将比例添加到注释性对象：注释比例更改时，自动将比例添加到注释对象。
- 当前视图的注释比例：单击注释比例右下角的小三角符号弹出注释比例列表，如图 2-19 所示，可以根据需要选择适当的注释比例。
- 切换工作空间：进行工作空间转换。
- 注释监视器：打开仅用于所有事件或模型文档事件的注释监视器。
- 隔离对象：当选择隔离对象时，在当前视图中显示选定对象，所有其他对象都暂时隐藏；当选择隐藏对象时，在当前视图中暂时隐藏选定对象，所有其他对象都可见。
- 硬件加速：设定图形卡的驱动程序以及设置硬件加速的选项。

图 2-19　注释比例列表

- 全屏显示：该选项可以清除 Windows 窗口中的标题栏、功能区和选项板等界面元素，使 AutoCAD 的绘图窗口全屏显示，如图 2-20 所示。
- 自定义：状态栏可以提供重要信息，而无需中断工作流。使用 MODEMACRO 系统变量可将应用程序所能识别的大多数数据显示在状态栏中，使用该系统变量的计算、判断和编辑功能可以完全按照用户的要求构造状态栏。

图 2-20　全屏显示

9. 快速访问工具栏和交互信息工具栏

（1）快速访问工具栏

该工具栏包括"新建""打开""保存""另存为""打印""放弃""重做""工作空间"等几个最常用的工具。用户也可以单击该工具栏后面的下拉按钮设置需要的常用工具。

（2）交互信息工具栏

该工具栏包括"搜索"、Autodesk360、Autodesk Exchange 应用程序、"保持连接"和"帮助"等几个常用的数据交互访问工具。

10. 功能区

在默认情况下，功能区包括"默认"选项卡、"插入"选项卡、"注释"选项卡、"参数化"选项卡、"视图"选项卡、"管理"选项卡、"输出"选项卡、"附加模块"选项卡、"A360"、"BIM360"、"精选应用"及"Performance"，如图 2-21 所示（所有的选项卡显示面板如图 2-22 所示）。每个选项卡均集成了相关的操作工具，以方便用户的使用。用户可以单击功能区选项后面的 按钮控制功能的展开与收缩。

图 2-21　默认情况下出现的选项卡

图 2-22　所有的选项卡

（1）设置选项卡。将光标放在面板中任意位置处，单击鼠标右键，打开图 2-23 所示的快捷菜单。用鼠标左键单击某一个未在功能区显示的选项卡名，系统自动在功能区打开该选项卡。反之，关闭选项卡（调出面板的方法与调出选项板的方法类似，这里不再赘述）。

图 2-23　快捷菜单

（2）选项卡中面板的"固定"与"浮动"。面板可以在绘图区"浮动"（见图 2-24），将鼠标放到浮动面板的右上角位置处，显示"将面板返回到功能区"，如图 2-25 所示，鼠标左键单击此处，使它变为"固定"面板，也可以把"固定"面板拖出，使它成为"浮动"面板。

图 2-24　"浮动"面板　　　　　　　　　　图 2-25　"绘图"面板

打开或关闭功能区的操作方式如下。

- 命令行：Preferences
- 菜单栏：工具→选项板→功能区

2.1.2　系统参数配置

由于每台计算机所使用的显示器、输入设备和输出设备的类型不同，用户喜好的风格及计算机的目录设置也不同，因此每台计算机都是独特的。一般来讲，满足 AutoCAD 2016 默认配置的计算机就可以绘图，但为了使用用户的定点设备或打印机，以及提高绘图的效率，AutoCAD 推荐用户在开始作图前进行必要的配置。

1．执行方式

- 命令行：PREFERENCES
- 菜单：工具→选项
- 右键菜单：选项（在绘图区中右击鼠标，在弹出的快捷菜单中选择"选项"命令，如图 2-26 所示）

2．操作步骤

执行上述命令后，系统自动打开"选项"对话框。用户可以在该对话框中选择有关选项，对系统进行配置。下面只对其中主要的几个选项卡进行说明，其他配置选项在后面用到时再具体说明。

（1）显示配置

"选项"对话框中的第 2 个选项卡为"显示"，该选项卡控制 AutoCAD 窗口的外观，还用于设定屏幕菜单、滚动条显示与否、固定命令行窗口中文字行数、AutoCAD 2016 的版面布局设置、各实体的显示分辨率以及 AutoCAD 运行时的其他各项性能参数的设定等。前面已经讲述了屏幕菜单设定、屏幕颜色、光标大小等设置，其余有关选项的设置读者可自行参照"帮助"文件学习。

在设置实体显示分辨率时，请务必记住：显示质量越高，即分辨率越高，计算机计算的时间越长，一般情况下不必将其设置得太高，显示质量设定在一个合理的程度上是很重要的。

（2）系统配置

"选项"对话框中的第 5 个选项卡为"系统"，如图 2-27 所示，该选项卡用于设置 AutoCAD 系统的有关特性。

图 2-26　"选项"右键菜单

图 2-27　"系统"选项卡

2.1.3　设置绘图参数

1．绘图单位设置

（1）执行方式

- 命令行：DDUNITS（或 UNITS）

- 菜单栏：格式→单位

（2）操作步骤

执行上述命令后，系统打开"图形单位"对话框，如图 2-28 所示，该对话框用于定义单位和角度格式。

① "长度"选项组：指定测量的当前单位及当前单位的精度。

② "角度"选项组：指定当前角度格式和当前角度显示的精度。

③ "插入时的缩放单位"下拉列表框：控制插入当前图形中的块和图形的测量单位。如果块或图形创建时使用的单位与该选项指定的单位不同，则在插入这些块或图形时，将对其按比例缩放。插入比例是源块或图形使用的单位与目标图形使用的单位之比。如果插入块时不按指定单位缩放，请选择"无单位"。

④ "输出样例"选项组：显示当前单位和角度设置的例子。

⑤ "光源"下拉列表框：控制当前图形中光源的强度测量单位。

⑥ "方向"按钮：单击该按钮，系统显示"方向控制"对话框，如图 2-29 所示，在该对话框中进行方向控制设置。

图 2-28 "图形单位"对话框

图 2-29 "方向控制"对话框

2．图形边界设置

（1）执行方式

- 命令行：LIMITS
- 菜单栏：格式→图形界限

（2）操作步骤

执行上述命令后，系统提示如下。

重新设置模型空间界限：
指定左下角点或 [开(ON)/关(OFF)] <0.0000,0.0000>：（输入图形边界左下角的坐标后按 Enter 键）
指定右上角点 <12.0000,9.0000>：（输入图形边界右上角的坐标后按 Enter 键）

在此提示下输入坐标值以指定图形左下角的 x、y 坐标，或在图形中选择一个点，或按 Enter 键，接受默认的坐标值(0,0)，AutoCAD 将继续提示指定图形右上角的坐标。输入坐标值以指定图形右上角的 x、

y 坐标，或在图形中选择一个点，确定图形的右上角坐标。例如，要设置图形尺寸为 841mm×594mm，应输入右上角坐标为(841,594)。

输入的左下角和右上角的坐标，仅设置了图形界限，但是仍然可以在绘图窗口内的任何位置绘图。若想配置 AutoCAD，使它能阻止将图形绘制到图形界限以外，可以通过打开图形界限达到此目的，应再次调用 LIMITS 命令，然后输入 ON，按 Enter 键即可。此时用户不能在图形界限之外绘制图形对象，也不能使用"移动"或"复制"命令将图形移动到界限之外。

2.2 基本输入操作

在 AutoCAD 中，有一些基本的输入操作方法，这些基本方法是进行 AutoCAD 绘图的必备知识基础，也是深入学习 AutoCAD 功能的前提。

2.2.1 命令输入方式

AutoCAD 交互绘图必须输入必要的指令和参数，系统提供了多种 AutoCAD 命令输入方式（以画直线为例）。

1．在命令行窗口输入命令名

命令字符可不区分大小写，例如，命令：LINE↙。执行命令时，在命令行提示中经常会出现命令选项，例如，输入绘制直线命令 LINE 后，命令行中的提示如下。

命令：LINE↙
指定第一个点：（在屏幕上指定一点或输入一个点的坐标）
指定下一点或 [放弃(U)]:

选项中不带括号的提示为默认选项，因此可以直接输入直线段的起点坐标或在屏幕上指定一点。如果要选择其他选项，则应该首先输入该选项的标识字符，如"放弃"选项的标识字符 U，然后按系统提示输入数据即可。在命令选项的后面有时还带有尖括号，尖括号内的数值为默认数值。

2．在命令行窗口输入命令缩写字

如 L（LINE）、C（CIRCLE）、A（ARC）、Z（ZOOM）、R（REDRAW）、M（MORE）、CO（COPY）、PL（PLINE）、E（ERASE）等。

3．选取绘图菜单直线选项

选取该选项后，在状态栏中可以看到对应的命令说明及命令名。

4．选取工具栏中的对应图标

选取该图标后，在状态栏中也可以看到对应的命令说明及命令名。

5．在绘图区右击打开快捷菜单

如果在前面刚使用过要输入的命令，可以在绘图区打开右键快捷菜单，在"最近的输入"菜单中选择需要的命令，如图 2-30 所示，"最近的输入"子菜单中存储了最近使用的命令，如果经常重复使用某个 6 次操作以内的命令，这种方法就比较快速简洁。

6．在命令行按回车键

如果用户要重复上次使用的命令，可以直接在命令行按回车键，系统立即执行上次使用的命令，这种方法适用于重复执行某个命令。

图 2-30　快捷菜单

2.2.2　命令的重复、撤销、重做

1．命令的重复

在命令行窗口中按 Enter 键可重复调用上一个命令，不管上一个命令是完成了还是被取消了。

2．命令的撤销

在命令执行的任何时刻都可以取消和终止命令的执行。

执行方式：

- 命令行：UNDO
- 菜单栏：编辑→放弃
- 工具栏：标准→放弃

3．命令的重做

已撤销的命令还可以恢复重做，但只能恢复撤销的最后一个命令。

执行方式：

- 命令行：REDO
- 菜单栏：编辑→重做
- 工具栏：标准→重做

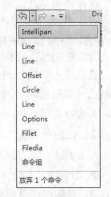

图 2-31　多重放弃或重做

该命令可以一次执行多重放弃和重做操作。单击 UNDO 或 REDO 列表箭头，可以选择要放弃或重做的操作，如图 2-31 所示。

2.2.3　透明命令

在 AutoCAD 中有些命令不仅可以直接在命令行中使用，而且可以在其他命令的执行过程中插入并执行，待该命令执行完毕后，系统继续执行原命令，这种命令称为透明命令。透明命令一般多为修改图形设置或打开辅助绘图工具的命令。

```
命令：ARC↙
指定圆弧的起点或 [圆心(C)]：'ZOOM↙（透明使用显示缩放命令ZOOM）
>>（执行ZOOM命令)
正在恢复执行 ARC 命令
指定圆弧的起点或 [圆心(C)]：（继续执行原命令）
```

2.2.4 按键定义

在 AutoCAD 中，命令输入操作除了可以通过在命令行窗口输入命令、单击工具栏按钮或选择菜单项来完成外，还可以使用键盘上的一组功能键或组合键，通过这些功能键或组合键，可以快速实现指定功能，如按 F2 键，系统会调用 AutoCAD 帮助对话框。

系统使用 AutoCAD 传统标准（Windows 之前）或 Microsoft Windows 标准解释组合键。有些功能键或组合键在 AutoCAD 的菜单中已经指出，如 "粘贴" 的组合键为 Ctrl+V，这些只要读者在使用的过程中多留意，就会熟练掌握。

2.2.5 命令执行方式

有的命令有两种执行方式，可以通过对话框或命令行输入命令。如指定使用命令行窗口方式，可以在命令名前加短划线来表示，如 -LAYER 表示用命令行方式执行 "图层" 命令。而如果在命令行输入 LAYER，系统则会自动打开 "图层特性管理器" 选项板。

另外，有些命令同时存在命令行、菜单栏、工具栏和功能区 4 种执行方式，这时如果选择菜单栏或工具栏方式，命令行会显示该命令，并在前面加一下划线，如通过菜单栏或工具栏方式执行 "直线" 命令时，命令行会显示 "_line"，命令的执行过程和结果与命令行方式相同。

2.2.6 坐标系统与数据的输入方法

1. 坐标系

AutoCAD 采用两种坐标系：世界坐标系（WCS）与用户坐标系（UCS）。用户进入 AutoCAD 时的坐标系统就是世界坐标系，它是固定的坐标系统。世界坐标系也是坐标系统中的基准，绘制图形时多数情况下都是在这个坐标系统下进行的。

（1）执行方式

* 命令行：UCS
* 菜单栏：工具→UCS
* 工具栏：标准→坐标系

（2）操作步骤

AutoCAD 有两种视图显示方式：模型空间和图纸空间。模型空间是指单一视图显示法，我们通常使用的都是这种显示方式；图纸空间是指在绘图区域创建图形的多视图，用户可以对其中每一个视图进行单独操作。在默认情况下，当前 UCS 与 WCS 重合。图 2-32（a）所示为模型空间下的 UCS 坐标系图标，通常放在绘图区左下角处；也可以指定它放在当前 UCS 的实际坐标原点位置，如图 2-32（b）所示；图 2-32（c）所示为布局空间下的坐标系图标。

（a）　　　　　　　　（b）　　　　　　　　（c）

图 2-32　坐标系图标

2. 数据输入方法

在 AutoCAD 中，点的坐标可以用直角坐标、极坐标、球面坐标和柱面坐标表示，每一种坐标又分别具有两种坐标输入方式：绝对坐标和相对坐标。其中直角坐标和极坐标最为常用，下面主要介绍它们的输入方法。

（1）直角坐标法：用点的 x、y 坐标值表示的坐标。

例如，在命令行中输入点的坐标提示下，输入"15，18"，则表示输入了一个 x、y 的坐标值分别为 15、18 的点，此为绝对坐标输入方式，表示该点的坐标是相对于当前坐标原点的坐标值，如图 2-33（a）所示。如果输入"@10，20"，则为相对坐标输入方式，表示该点的坐标是相对于前一点的坐标值，如图 2-33（b）所示。

（2）极坐标法：用长度和角度表示的坐标，只能用来表示二维点的坐标。

在绝对坐标输入方式下，表示为"长度<角度"，如"25<50"，其中长度为该点到坐标原点的距离，角度为该点至原点的连线与 x 轴正向的夹角，如图 2-33（c）所示。

在相对坐标输入方式下，表示为"@长度<角度"，如"@25<45"，其中长度为该点到前一点的距离，角度为该点至前一点的连线与 x 轴正向的夹角，如图 2-33（d）所示。

图 2-33　数据输入方法

3．动态数据输入

按下状态栏上的 DYN 按钮，系统打开动态输入功能，可以在屏幕上动态输入某些参数数据。例如，绘制直线时，在光标附近，会动态地显示"指定第一点"以及后面的坐标框，当前显示的是光标所在位置，可以输入数据，两个数据之间以逗号隔开，如图 2-34 所示。指定第一点后，系统动态地显示直线的角度，同时要求输入线段长度值，如图 2-35 所示，其输入效果与"@长度<角度"方式相同。

图 2-34　动态输入坐标值　　　　　图 2-35　动态输入长度值

下面分别讲述点与距离值的输入方法。

（1）点的输入

绘图过程中常需要输入点的位置，AutoCAD 提供了如下几种输入点的方式。

① 用键盘直接在命令行窗口中输入点的坐标，直角坐标有两种输入方式：X，Y（点的绝对坐标值，如"200，50"）和@ X，Y（相对于上一点的相对坐标值，如"@50，-30"）。坐标值均相当于当前的用户坐标系。

② 极坐标的输入方式为：长度<角度（其中，长度为点到坐标原点的距离，角度为原点至该点连线与 x 轴的正向夹角，如"20<45"）或@长度<角度（相对于上一点的相对极坐标，如"@50<-30"）。

③ 用鼠标等定标设备移动光标，单击鼠标左键在屏幕上直接取点。

④ 用目标捕捉方式捕捉屏幕上已有图形的特殊点（如端点、中点、中心点、插入点、交点、切点、垂足点等）。

⑤ 直接距离输入：先用光标拖拉出橡筋线确定方向，然后用键盘输入距离。这样有利于准确控制对象的长度等参数，如要绘制一条 20mm 长的线段，方法如下。

> 命令：LINE ↙
> 指定第一个点：↙（在屏幕上指定一点）
> 指定下一点或 [放弃(U)]：↙

这时在屏幕上移动鼠标指明线段的方向，但不要单击确认，如图 2-36 所示，然后在命令行输入 20，这样就在指定方向上准确地绘制了长度为 20mm 的线段。

（2）距离值的输入

在 AutoCAD 命令中，有时需要提供高度、宽度、半径、长度等距离值。AutoCAD 提供了两种输入距离值的方式：一种是用键盘在命令行窗口中直接输入数值；另一种是在屏幕上拾取两点，以两点的距离值测定出所需数值。

图 2-36 绘制直线

2.3 绘图辅助工具

要快速顺利地完成图形绘制工作，有时要借助一些辅助工具，如用于确定绘制位置的精确定位工具和调整图形显示范围与方式的显示工具。下面简略介绍这两种非常重要的绘图辅助工具。

2.3.1 精确定位工具

在绘制图形时，可以使用直角坐标和极坐标精确定位点，但是有些点（如端点、中心点等）的坐标是不知道的，要想精确地指定这些点很困难，有时甚至是不可能的。AutoCAD 2016 提供了辅助定位工具，使用这类工具可以很容易地在屏幕中捕捉到这些点，进行精确的绘图。

1. 栅格

AutoCAD 的栅格由有规则点的矩阵组成，延伸到指定为图形界限的整个区域。使用栅格与在坐标纸上绘图十分相似，利用栅格可以对齐对象并直观显示对象之间的距离。如果放大或缩小图形，可能需要调整栅格间距，使其适合新的比例。虽然栅格在屏幕上是可见的，但它并不是图形对象，因此它不会被打印成图形中的一部分，也不会影响在何处绘图。可以单击状态栏上的"栅格"按钮或按 F7 键打开或关闭栅格。

（1）执行方式

- 命令行：DSETTINGS（或 DS、SE 或 DDRMODES）
- 菜单栏：工具→绘图设置
- 状态栏：显示图形栅格（仅限于打开与关闭）
- 快捷键：F7 键（仅限于打开与关闭）

（2）操作步骤

执行上述命令后，系统打开"草图设置"对话框，如图 2-37 所示。

如果需要显示栅格，选中"启用栅格"复选框，在"捕捉 X 轴间距"文本框中输入栅格点之间的水平距离（单位为 mm）。如果使用相同的间距设置垂直和水平分布的栅格点，则按 Tab 键。否则，在"捕捉 Y 轴间距"文本框中输入栅格点之间的垂直距离。

另外，可以使用 GRID 命令通过命令行方式设置栅格，功能与"草图设置"对话框类似，此处不再赘述。

如果栅格的间距设置得太小，当进行"打开栅格"操作时，AutoCAD 将在文本窗口中显示"栅格太密，无法显示"的信息，而不在屏幕上显示栅格点。或者在使用"缩放"命令时，将图形缩放至很小，也会出现同样提示，而不显示栅格。

图 2-37 "草图设置"对话框

2．捕捉

捕捉是指 AutoCAD 可以生成一个隐含分布于屏幕上的栅格，这种栅格能够捕捉光标，使得光标只能落到其中的一个栅格点上。捕捉可分为"矩形捕捉"和"等轴测捕捉"两种类型。默认设置为"矩形捕捉"，即捕捉点的阵列类似于栅格，如图 2-38 所示，用户可以指定捕捉模式在 x 轴方向和 y 轴方向上的间距，也可改变捕捉模式与图形界限的相对位置。它与栅格的不同之处在于：捕捉间距的值必须为正实数，另外捕捉模式不受图形界限的约束。"等轴测捕捉"表示捕捉模式为等轴测模式，此模式是绘制正等轴测图时的工作环境，如图 2-39 所示。在"等轴测捕捉"模式下，栅格和光标十字线成绘制等轴测图时的特定角度。

图 2-38 "矩形捕捉"实例

图 2-39 "等轴测捕捉"实例

在绘制图 2-38 和图 2-39 的图形时，输入参数点时光标只能落在栅格点上。"矩形捕捉"和"等轴测捕捉"两种模式的切换方法是：打开"草图设置"对话框，进入"捕捉和栅格"选项卡，在"捕捉类型"

选项组中，通过单选按钮可以切换"矩形捕捉"模式与"等轴测捕捉"模式。

3. 极轴捕捉

极轴捕捉是在创建或修改对象时，按事先给定的角度增量和距离增量来追踪特征点，即捕捉相对于初始点，且满足指定的极轴距离和极轴角的目标点。

极轴追踪设置主要是设置追踪的距离增量和角度增量，以及与之相关联的捕捉模式。这些设置可以通过"草图设置"对话框的"捕捉和栅格"选项卡与"极轴追踪"选项卡来实现，如图 2-40 和图 2-41 所示。

图 2-40 "捕捉和栅格"选项卡

（1）设置极轴距离

图 2-40 所示，在"草图设置"对话框的"捕捉和栅格"选项卡中可以设置极轴距离（单位为 mm）。绘图时，光标将按指定的极轴距离增量进行移动。

（2）设置极轴角度

图 2-41 所示，在"草图设置"对话框的"极轴追踪"选项卡中，可以设置极轴增量角度。设置时，可以使用"增量角"下拉列表框中预设的角度，也可以直接输入其他任意角度。光标移动时，如果接近极轴角，将显示对齐路径和工具栏提示。例如，当极轴角增量设置为 30°、光标移动 90° 时显示的对齐路径，如图 2-42 所示。

图 2-41 "极轴追踪"选项卡

图 2-42 极轴捕捉

（3）对象捕捉追踪设置

用于设置对象捕捉追踪的模式。如果选中"仅正交追踪"单选按钮，则当采用追踪功能时，系统仅在水平和垂直方向上显示追踪数据；如果选中"用所有极轴角设置追踪"单选按钮，则当采用追踪功能时，系统不仅可以在水平和垂直方向显示追踪数据，还可以在设置的极轴追踪角度与附加角度所确定的一系列方向上显示追踪数据。

（4）极轴角测量

用于设置测量极轴角的角度所采用的参考基准，选中"绝对"单选按钮是相对水平方向逆时针测量，选中"相对上一段"单选按钮则是以上一段对象为基准进行测量。

（5）附加角

附加角是对极轴追踪使用列表中的任何一种附加角度。"附加角"复选框受 POLARMODE 系统变量控制，附加角列表受 POLARADDANG 系统变量控制。

4. 对象捕捉

AutoCAD 给所有的图形对象都定义了特征点，对象捕捉是指在绘图过程中，通过捕捉这些特征点，可迅速、准确地将新的图形对象定位在现有对象的确切位置上，例如圆的圆心、线段中点或两个对象的交点等。在 AutoCAD 2016 中，可以通过单击状态栏中的"对象捕捉"选项，或在"草图设置"对话框的"对象捕捉"选项卡中选中"启用对象捕捉"复选框，来启用对象捕捉功能。在绘图过程中，对象捕捉功能的调用可以通过以下方式完成。

对象捕捉工具栏如图 2-43 所示。在绘图过程中，当系统提示需要指定点的位置时，可以单击对象捕捉工具栏中相应的特征点按钮，再把光标移动到要捕捉的对象的特征点附近，AutoCAD 会自动提示并捕捉到这些特征点。例如，用直线连接一系列圆的圆心，可以将圆心设置为执行对象捕捉的选项。如果有两个捕捉点落在选择区域，AutoCAD 将捕捉离光标中心最近的符合条件的点。还有可能在指定点时需要检查哪一个捕捉对象有效，例如在指定位置有多个捕捉对象符合条件时，在指定点之前，按 Tab 键可以遍历所有可能的点。

图 2-43 "对象捕捉"工具栏

（1）对象捕捉快捷菜单

在需要指定点位置时，可以按住 Ctrl 键或 Shift 键，右击，打开对象捕捉快捷菜单，如图 2-44 所示，在该菜单上同样可以选择某一选项执行对象捕捉。

（2）使用命令行

当需要指定点位置时，在命令行中输入相应特征点的关键词，然后把光标移动到要捕捉的对象的特征点附近，即可捕捉到这些特征点。对象捕捉特征点的关键字如表 2-1 所示。

表 2-1 对象捕捉模式

模式	关键字	模式	关键字	模式	关键字
临时追踪点	TT	捕捉自	FROM	端点	END
中点	MID	交点	INT	外观交点	APP
延长线	EXT	圆心	CEN	象限点	QUA
切点	TAN	垂足	PER	平行线	PAR
节点	NOD	最近点	NEA	无捕捉	NON

对象捕捉不可单独使用，必须配合其他绘图命令一起使用。仅当 AutoCAD 提示输入点时，对象捕捉才生效。如果试图在命令提示下使用对象捕捉，AutoCAD 将显示出错信息。对象捕捉只影响屏幕上可见的对象，包括锁定图层、布局视口边界和多段线上的对象。它不能捕捉不可见的对象，如未显示的对象、关闭或冻结图层上的对象或虚线的空白部分。

5. 自动对象捕捉

在绘制图形的过程中，使用对象捕捉的频率非常高，如果每次在捕捉时都要先选择捕捉模式，将使工作效率大大降低。出于此种考虑，AutoCAD 提供了自动对象捕捉模式。在"草图设置"对话框的"对象捕捉"选项卡中选中"启用对象捕捉追踪"复选框，可以调用自动捕捉，如图 2-45 所示。如果启用自动捕捉功能，当光标距指定的捕捉点较近时，系统会自动捕捉这些特征点，并显示出相应的标记以及捕捉提示。

图 2-44　"对象捕捉"快捷菜单

图 2-45　"对象捕捉"选项卡

用户可以设置经常要用的捕捉方式。一旦设置了捕捉方式后，在每次运行时，所设定的目标捕捉方式就会被激活，而不是仅对一次选择有效。当同时使用多种方式时，系统将捕捉距光标最近，同时又满足多种目标捕捉方式之一的点。当光标距要获取的点非常近时，按下 Shift 键将暂时不获取对象点。

6. 正交绘图

正交绘图模式，即在命令的执行过程中，光标只能沿 x 轴或者 y 轴移动。所有绘制的线段和构造线都将平行于 x 轴或 y 轴，因此它们相互成 90° 相交，即正交。使用正交绘图，对于绘制水平和垂直线非常有用，特别是绘制构造线时会经常使用。而且当捕捉模式为等轴测模式时，它还迫使直线平行于 3 个等轴测中的 1 个。

设置正交绘图可以直接单击状态栏中的"正交"按钮，或按 F8 键，相应地会在文本窗口中显示开/关提示信息。也可以在命令行中输入 ORTHO 命令，开启或关闭正交绘图。

"正交"模式将光标限制在水平或垂直（正交）轴上。因为不能同时打开"正交"模式和极轴追踪，因此"正交"模式打开时，AutoCAD 会关闭极轴追踪。如果再次打开极轴追踪，AutoCAD 将关闭"正交"模式。

2.3.2 图形显示工具

对于一个较为复杂的图形来说，在观察整幅图形时往往无法对其局部细节进行查看和操作，而在屏幕上显示一个细部时又看不到其他部分。为解决这类问题，AutoCAD 提供了缩放、平移、视图、鸟瞰视图和视口命令等一系列图形显示控制命令，它们可以用来任意放大、缩小或移动屏幕上的图形显示，或者同时从不同的角度、不同的部位来显示图形。AutoCAD 还提供了重画和重新生成命令来刷新屏幕，重新生成图形。

1. 图形缩放

图形缩放命令类似于照相机的镜头，可以放大或缩小屏幕所显示的范围，只改变视图的比例，但是对象的实际尺寸并不发生变化。当放大图形一部分的显示尺寸时，可以更清楚地查看这个区域的细节；相反，如果缩小图形的显示尺寸，则可以查看更大的区域，如整体浏览。

图形缩放功能在绘制大幅面机械图样，尤其是装配图时非常有用，是使用频率最高的命令之一。这个命令可以透明地使用，也就是说，该命令可以在其他命令执行时运行。在完成用户调用透明命令的过程后，AutoCAD 会自动返回到在用户调用透明命令前正在运行的命令。

（1）执行方式

- 命令行：ZOOM
- 菜单栏：视图→缩放
- 工具栏：标准→缩放
- 功能区：视图→导航→缩放（见图 2-46）

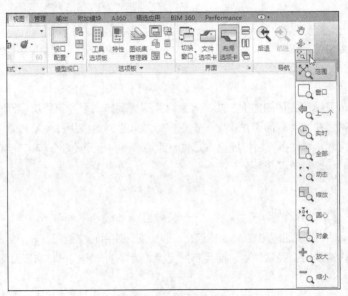

图 2-46 "导航"面板

（2）操作步骤

执行上述命令后，系统提示如下。

指定窗口的角点，输入比例因子 (nX 或 nXP)，或者[全部(A)/中心(C)/动态(D)/范围(E)/上一个(P)/比例(S)/窗口(W)/对象(O)]<实时>：

① 实时缩放："缩放"命令的默认操作，即在输入 ZOOM 命令后，直接按 Enter 键，将自动调用实时缩放操作。实时缩放就是通过上下移动鼠标交替进行放大和缩小。在使用实时缩放时，系统会显示一个"＋"号或"－"号。当缩放比例接近极限时，AutoCAD 将不再与光标一起显示"＋"号或"－"号。当需要从实时缩放操作中退出时，可按 Enter 键、Esc 键或是从菜单中选择 Exit 子菜单。

② 全部（A）：在提示文字后输入 A，即可执行"全部（A）"缩放操作。不论图形有多大，该操作都将显示图形的边界或范围，即使对象不包括在边界以内也会被显示。因此，使用"全部（A）"缩放选项，可查看当前视口中的整个图形。

③ 中心（C）：通过确定一个中心点，该选项可以定义一个新的显示窗口。操作过程中需要指定中心点以及输入比例或高度。默认的新中心点就是视图的中心点，默认的输入高度就是当前视图的高度，直接按 Enter 键后，图形不会被放大。输入比例的数值越大，图形放大倍数也越大。也可以在数值后面紧跟一个 x，如 $3x$，表示在放大时不是按照绝对值变化，而是按相对于当前视图的相对值缩放。

④ 动态（D）：通过操作一个表示视口的视图框，可以确定所需显示的区域。选择该选项，在绘图窗口中出现一个小的视图框，按住鼠标左键左右移动可以改变该视图框的大小，定形后放开左键，再按下鼠标左键移动视图框，确定图形中的放大位置，系统将清除当前视口并显示一个特定的视图选择屏幕，这个特定屏幕由指定的显示范围和放大倍数确定。

⑤ 范围（E）：该选项可以使图形缩放至整个显示范围。图形的范围由图形所在的区域构成，剩余的空白区域将被忽略。应用这个选项，图形中所有的对象都尽可能地被放大。

⑥ 上一个（P）：在绘制一幅复杂的图形时，有时需要放大图形的一部分以进行细节的编辑。当编辑完成后，有时希望回到前一个视图。这种操作可以使用"上一个（P）"选项来实现。当前视口由"缩放"命令的各种选项或"移动"视图、视图恢复、平行投影或透视命令引起的任何变化，系统都将保存。每一个视口最多可以保存 10 个视图。连续使用"上一个（P）"选项可以恢复前 10 个视图。

⑦ 比例（S）：该选项有 3 种使用方法。在提示信息下，直接输入比例系数，AutoCAD 将按照此比例放大或缩小图形的尺寸。如果在比例系数后面加一 x，其表示相对于当前视图计算的比例因子。使用比例因子的第三种方法就是相对于图形空间。例如，可以在图纸空间阵列布排或打印出模型的不同视图。为了使每一张视图都与图纸空间单位成比例，可以使用"比例（S）"选项，每一个视图都有单独的比例。

⑧ 窗口（W）：该选项是最常使用的选项。通过确定一个矩形窗口的两个对角来指定所需缩放的区域，对角点可以由鼠标指定，也可以输入坐标确定。指定窗口的中心点将成为新的显示屏幕的中心点。窗口中的区域将被放大或者缩小。调用 ZOOM 命令时，可以在没有选择任何选项的情况下，利用鼠标在绘图窗口中直接指定缩放窗口的两个对角点。

⑨ 对象（O）：缩放以便尽可能大的显示一个或多个选定的对象并使其位于视图的中心。可以在启动 ZOOM 命令之前或之后选择对象。

⑩ 实时：该选项是交互缩放以更改视图的比例。光标将变为带有加号（＋）和减号（－）的放大镜。在窗口的中点按住拾取键并垂直移动到窗口顶部则放大 100%。反之，在窗口的中点按住拾取键并垂直向下移动到窗口底部则缩小 100%。当达到放大极限时，光标上的加号将消失，表示将无法继续放大。当达到缩小极限时，光标上的减号将消失，表示将无法继续缩小。松开拾取键时缩放终止，可以在松开拾取键后将光标移动到图形的另一个位置，然后再按住拾取键即可从该位置继续缩放显示。

这里提到的放大、缩小或移动的操作，仅是对图形在屏幕上的显示进行控制，图形本身并没有发生任何改变。

2. 图形平移

当图形幅面大于当前视口时，例如使用图形缩放命令将图形放大后，如果需要在当前视口之外观察或绘制一个特定区域时，可以使用图形平移命令来实现。平移命令能将在当前视图以外的图形的一部分移动进来以查看或编辑，但不会改变图形的缩放比例。

执行方式：

- 命令行：PAN
- 菜单栏：视图→平移
- 工具栏：标准→平移
- 快捷菜单：在绘图窗口中右击，在弹出的快捷菜单中选择"平移"命令
- 功能区：视图→导航→平移

激活平移命令之后，光标变成一只小手，可以在绘图窗口中任意移动，以显示当前正处于平移模式。单击并按住鼠标左键将光标锁定在当前位置，即小手已经抓住图形，然后拖动图形使其移动到所需位置上，松开鼠标左键将停止平移图形。反复按下鼠标左键、拖动、松开，可将图形平移到任意位置上。

平移命令预先定义了一些不同的菜单选项与按钮，它们可用于在特定方向上平移图形，在激活平移命令后，这些选项可以从菜单"视图"→"平移"→"*"中调用。

（1）实时：是平移命令中最常用的选项，也是默认选项，前面提到的平移操作都是指实时平移，通过鼠标的拖动来实现任意方向上的平移。

（2）点：这个选项要求确定位移量，这就需要确定图形移动的方向和距离。可以通过输入点的坐标或用鼠标指定点的坐标来确定位移。

（3）左：该选项移动图形后，使屏幕左部的图形进入显示窗口。

（4）右：该选项移动图形后，使屏幕右部的图形进入显示窗口。

（5）上：该选项向底部平移图形后，使屏幕顶部的图形进入显示窗口。

（6）下：该选项向顶部平移图形后，使屏幕底部的图形进入显示窗口。

2.4 基本绘图和编辑命令

AutoCAD 中，主要通过一些基本的绘图命令和编辑命令完成图形的绘制，现简要介绍如下。

2.4.1 基本绘图命令的使用

在 AutoCAD 中，命令通常有 4 种执行方式：命令行方式、菜单方式、工具栏方式和功能区方式。二维绘图命令的菜单命令主要集中在"绘图"菜单中，如图 2-47 所示；其工具栏命令主要集中在"绘图"工具栏中，如图 2-48 所示；其功能区命令主要集中在"默认"选项卡中的"绘图"面板中，如图 2-51 所示。

2.4.2 基本编辑命令的使用

二维编辑命令的菜单命令主要集中在"修改"菜单中，如图 2-49 所示；其工具栏命令主要集中在"修改"工具栏中，如图 2-50 所示；其功能区命令主要集中在"默认"选项卡中的"修改"面板中，如图 2-52

所示。在 AutoCAD 中，可以很方便地在"修改"工具栏、"修改"下拉菜单或功能区中，调用大部分绘图修改命令。

图 2-47 "绘图"菜单　　图 2-48 "绘图"工具栏　　图 2-49 "修改"菜单　　图 2-50 "修改"工具栏

图 2-51 "绘图"面板

图 2-52 "修改"面板

2.5　图层设置

AutoCAD 中的图层就如同在手工绘图中使用的重叠透明图纸，如图 2-53 所示。在 AutoCAD 中，图形的每个对象都位于一个图层上，所有的图形对象都具有图层、颜色、线型和线宽 4 个基本属性。在绘制时，图形对象将创建在当前的图层上。每个 AutoCAD 文档中图层的数量是不受限制的，每个图层都有自己的名称。

2.5.1　建立新图层

新建的 AutoCAD 文档中只能自动创建一个名为 0 的特殊图层。默认情况下，图层 0 将被指定使用 7

号颜色、CONTINUOUS 线型、"默认"线宽以及 NORMAL 打印样式，并且不能删除或重命名图层 0。通过创建新的图层，可以将类型相似的对象指定给同一个图层，使其相关联。例如，将构造线、文字、标注和标题栏置于不同的图层上，并为这些图层指定通用特性。通过将对象分类放到各自的图层中，可以快速有效地控制对象的显示以及对其进行更改。

图 2-53　图层示意图

1. 执行方式

- 命令行：LAYER
- 菜单栏：格式→图层
- 工具栏：图层→图层特性管理器 ，如图 2-54 所示
- 快捷键：LA
- 功能区：默认→图层→图层特性 ，如图 2-55 所示

图 2-54　"图层"工具栏

图 2-55　"默认"选项卡

2. 操作步骤

执行上述命令后，系统打开"图层特性管理器"选项板，如图 2-56 所示。

图 2-56　"图层特性管理器"选项板

单击"图层特性管理器"对话框中的"新建图层"按钮 ，建立新图层，默认的图层名为"图层 1"。根据绘图需要，可更改图层名，例如改为实体层、中心线层或标准层等。

在一个图形中创建的图层数以及在每个图层中创建的对象数实际上是无限的。图层最长可使用 255 个字符的字母、数字命名。图层特性管理器按图层名称的字母顺序排列。

如果要建立多个图层，无须重复单击"新建图层"按钮 。更有效的方法是：在建立一个新的图层"图层 1"后，改变图层名，在其后输入一个逗号"，"，这样就会自动建立一个新图层"图层 1"，改变图层名，再输入一个逗号，又一个新的图层建立了，依次建立各个图层。也可以按两次 Enter 键，建立另一个新的图层，图层的名称也可以更改，直接双击图层名称，输入新的名称。

在每个图层属性设置中，包括图层名称、关闭/打开图层、冻结/解冻图层、锁定/解锁图层、图层线条颜色、图层线条线型、图层线条宽度、图层打印样式以及图层是否打印共 9 个参数。下面将分别讲述如何设置这些图层参数。

（1）设置图层线条颜色

在工程制图中，整个图形包含多种不同功能的图形对象，例如实体、剖面线与尺寸标注等。为了便于区分它们，就有必要针对不同的图形对象使用不同的颜色，例如实体层使用白色，剖面线层使用青色等。

要改变图层的颜色时，单击图层所对应的颜色图标，打开"选择颜色"对话框，如图 2-57 所示。它是一个标准的颜色设置对话框，可以使用"索引颜色"、"真彩色"和"配色系统"3 个选项卡来选择颜色。系统显示的是 RGB 配比，即 Red（红）、Green（绿）和 Blue（蓝）3 种颜色。

图 2-57 "选择颜色"对话框

（2）设置图层线型

线型是指作为图形基本元素的线条的组成和显示方式，如实线、点画线等。在绘图工作中，常常以线型划分图层，为每一个图层设置合适的线型。在绘图时，只需将该图层设为当前工作层，即可绘制出符合线型要求的图形对象，极大地提高了绘图的效率。

单击图层所对应的线型图标，打开"选择线型"对话框，如图 2-58 所示。

在"已加载的线型"列表框中，系统只添加了 Continuous 线型。单击"加载"按钮，打开"加载或重载线型"对话框，如图 2-59 所示，可以看到 AutoCAD 还提供了许多其他的线型，用鼠标选择所需线型，单击"确定"按钮，即可把该线型加载到"已加载的线型"列表框中，按住 Ctrl 键可选择几种线型同时加载。

图 2-58 "选择线型"对话框

图 2-59 "加载或重载线型"对话框

（3）设置图层线宽

线宽设置就是改变线条的宽度。用不同宽度的线条表现图形对象的类型，也可以提高图形的表达能力和可读性，例如绘制外螺纹时大径使用粗实线，小径使用细实线。

单击图层所对应的线宽图标，打开"线宽"对话框，如图 2-60 所示，选择一个线宽，单击"确定"按钮完成对图层线宽的设置。

图层线宽的默认值为 0.25 mm。在状态栏为"模型"状态时，显示的线宽同计算机的像素有关。线宽为 0 时，显示为一个像素的线宽。单击状态栏中的"线宽"按钮，屏幕上显示图形的线宽，显示的线宽与实际线宽成比例，如图 2-61 所示，但线宽不随图形的放大和缩小而变化。"线宽"功能关闭时，不显示图形的线宽，图形的线宽均以默认的宽度值显示。

图 2-60 "线宽"对话框

图 2-61 线宽显示效果图

2.5.2 设置图层

除了上面讲述的通过图层管理器设置图层的方法外，还有几种简便方法可以设置图层的颜色、线宽、线型等参数。

1. 直接设置图层

可以直接通过命令行或菜单设置图层的颜色、线型、线宽。

（1）设置颜色

① 执行方式

● 命令行：COLOR

- 菜单栏：格式→颜色
- 功能区：默认→特性→更多颜色

② 操作步骤

执行上述命令后，系统打开"选择颜色"对话框，如图 2-57 所示。

（2）设置线型

① 执行方式

- 命令行：LINETYPE
- 菜单栏：格式→线型
- 功能区：默认→特性→其他

② 操作步骤

执行上述命令后，系统打开"线型管理器"对话框，如图 2-62 所示。该对话框的使用方法与图 2-58 所示的"选择线型"对话框类似。

（3）设置线宽

① 执行方式

- 命令行：LINEWEIGHT 或 LWEIGHT
- 菜单栏：格式→线宽
- 功能区：默认→特性→线宽设置

② 操作步骤

执行上述命令后，系统打开"线宽设置"对话框，如图 2-63 所示。该对话框的使用方法与图 2-60 所示的"线宽"对话框类似。

图 2-62　"线型管理器"对话框

图 2-63　"线宽设置"对话框

2. 利用"特性"面板栏设置图层

AutoCAD 提供了一个"特性"面板，如图 2-64 所示。用户通过控制和使用"特性"面板可快速地查看和改变所选对象的图层、颜色、线型和线宽等特性。对"特性"面板上的图层颜色、线型、线宽和打印样式的控制增强了查看和编辑对象属性的功能。在绘图屏幕上选择的任何对象都将在面板上自动显示它所在的图层、颜色、线型等属性。

也可以在"特性"面板上的"颜色"、"线型"、"线宽"和"打印样式"下拉列表框中选择需要的参数值。例如在"颜色"下拉列表框中选择"更多颜色"选项，如图 2-65 所示，系统将打开"选择颜色"对话框，如图 2-57 所示。同样，在"线型"下拉列表框中选择"其他"选项，如图 2-66 所示，系统将打开"线型管理器"对话框，如图 2-62 所示。

图 2-64 "特性"面板

图 2-65 "更多颜色"选项

图 2-66 "其他"选项

3．利用"特性"选项板设置图层

（1）执行方式

- 命令行：DDMODIFY 或 PROPERTIES
- 菜单栏：修改→特性
- 工具栏：标准→特性 ▣
- 功能区：视图→选项板→特性 ▣

（2）操作步骤

执行上述命令后，系统打开"特性"选项板，如图 2-67 所示，在其中可以方便地设置或修改图层、颜色、线型、线宽等属性。

2.5.3 控制图层

1．切换当前图层

不同的图形对象需要绘制在不同的图层中，在绘制前，需要将工作图层切换到所需的图层上。打开"图层特性管理器"选项板，选择图层，单击"置为当前"按钮 ▨ 完成设置。

图 2-67 "特性"选项板

2．删除图层

在"图层特性管理器"选项板的图层列表框中选择要删除的图层，单击"删除图层"按钮 ✖ 即可。从图形文件定义中删除选定的图层，只能删除未参照的图层。参照图层包括图层 0 及 DEFPOINTS、包含对象（包括块定义中的对象）的图层、当前图层和依赖外部参照的图层。不包含对象（包括块定义中的对象）的图层、非当前图层和不依赖外部参照的图层都可以删除。

3．关闭/打开图层

在"图层特性管理器"选项板中单击按钮 💡，可以控制图层的可见性。图层打开时，图标小灯泡呈鲜艳的颜色，该图层上的图形可以显示在屏幕上或绘制在绘图仪上。当单击该按钮后，小灯泡呈灰暗色时，该图层上的图形不显示在屏幕上，而且不能被打印输出，但仍然作为图形的一部分保留在文件中。

4．冻结/解冻图层

在"图层特性管理器"选项板中单击按钮 ☼，可以冻结图层或将图层解冻。图标呈雪花灰暗色时，该图层是冻结状态；图标呈太阳鲜艳颜色时，该图层是解冻状态。冻结图层上的对象不能显示，也不能打印，同时也不能编辑修改该图层上的图形对象。在冻结图层后，该图层上的对象不影响其他图层上对象的显示和打印。例如，在使用 HIDE 命令消隐时，被冻结图层上的对象不隐藏。

5. 锁定/解锁图层

在"图层特性管理器"选项板中单击按钮🔒，可以锁定图层或将图层解锁。锁定图层后，该图层上的图形依然显示在屏幕上并可打印输出，还可以在该图层上绘制新的图形对象，但用户不能对该图层上的图形进行编辑修改操作。可以对当前图层进行锁定，也可对锁定图层上的图形执行查询和对象捕捉命令。锁定图层可以防止对图形的意外修改。

6. 打印样式

在 AutoCAD 2016 中，可以使用一个称为"打印样式"的新的对象特性。打印样式可控制对象的打印特性，包括颜色、抖动、灰度、笔号、虚拟笔、淡显、线型、线宽、线条端点样式、线条连接样式和填充样式。使用打印样式给用户提供了很大的灵活性，因为用户可以设置打印样式来替代其他对象特性，也可以按用户需要关闭这些替代设置。

7. 打印/不打印

在"图层特性管理器"选项板中单击按钮🖨，可以设定打印时该图层是否打印。在保证图形显示可见且不变的条件下，控制图形的打印特征。打印功能只对可见的图层起作用，对于已经被冻结或关闭的图层不起作用。

8. 新视口冻结

冻结所有视图中选定的图层，包括"模型"选项卡。可以通过冻结图层来提高 ZOOM、PAN 和其他若干操作的运行速度，提高对象选择性能并减少复杂图形的重生成时间。

2.6 文字、表格样式与标注样式

文字和标注是 AutoCAD 图形中非常重要的一部分内容。在进行各种设计时，不但要绘制图形，而且还需要标注一些文字，如技术要求、注释说明等，更重要的是必须标注尺寸、粗糙度以及表面形位公差等。AutoCAD 提供了多种文字样式与标注样式，以满足用户的多种需要。

2.6.1 设置文字样式

设置文字样式主要包括设置文字字体、字号、角度、方向和其他文字特征。AutoCAD 图形中的所有文字都具有与之相关联的文字样式。在图形中输入文字时，AutoCAD 使用当前的文字样式。如果要使用其他文字样式来创建文字，可以将其他文字样式置于当前。AutoCAD 默认的是标准文字样式。

1. 执行方式

- 命令行：STYLE
- 菜单栏：格式→文字样式
- 工具栏：文字→文字样式🅰
- 功能区：默认→注释→文字样式🅰 或注释→文字→文字样式→管理文字样式或注释→文字→对话框启动器↘

2. 操作步骤

执行命令后，AutoCAD 打开"文字样式"对话框，如图 2-68 所示。

2.6.2 设置标注样式

在建筑制图中，尺寸标注尤其是尺寸和形位公差的标注是重点，也是难点。对于一个工程师来说，标注样式的设置是非常重要的，可以这么说，如果没有正确的尺寸标注，绘制的任何图形都是没有意义的。图形主要是用来表达物体的形状，而物体的尺寸和各部分之间的确切位置只能通过尺寸标注来表达。

AutoCAD 提供了强大的尺寸标注功能，几乎能够满足所有用户的标注要求。

设置标注样式包括创建新标注样式、设置当前标注样式、修改标注样式、设置当前标注样式的替代以及比较标注样式。

标注样式设置会影响标注的效果，主要包括标注文字的高度、箭头的大小和样式以及标注文字的位置等。

图 2-68 "文字样式"对话框

1. 执行方式

- 命令行：DIMSTYLE
- 菜单栏：格式→标注样式
- 工具栏：标注→标注样式
- 功能区：默认→注释→标注样式 或注释→标注→标注样式→管理标注样式或单注释→标注→对话框启动器

2. 操作步骤

执行上述命令后，AutoCAD 打开"标注样式管理器"对话框，如图 2-69 所示，用户可以根据绘图需要设置相应的标注样式。

图 2-69 "标注样式管理器"对话框

2.6.3 设置表格样式

在 AutoCAD 中绘制表格时通常需要先设置表格样式，然后再进行表格的绘制。

1. 执行方式

- 命令行：TABLESTYLE
- 菜单栏：格式→表格样式
- 工具栏：样式→表格样式管理器 📝
- 功能区：默认→注释→表格样式 📝 或注释→表格→表格样式→管理表格样式或注释→表格→对话框启动器 ⤵

2. 操作步骤

执行上述命令后，系统打开"表格样式"对话框，如图 2-70 所示。

图 2-70 "表格样式"对话框

2.7 图块及其属性

把一组图形对象组合成图块加以保存，需要时可以把图块作为一个整体以任意比例和旋转角度插入图中任意位置，这样不仅避免了大量的重复工作，提高了绘图速度和工作效率，而且大大节省磁盘空间。

2.7.1 图块操作

1. 图块定义

（1）执行方式

- 命令行：BLOCK
- 菜单栏：绘图→块→创建
- 工具栏：绘图→创建块 🖳
- 功能区：默认→块→创建 🖳 或插入→块定义→创建块 🖳

（2）操作步骤

执行上述命令后，系统弹出如图 2-71 所示的"块定义"对话框，利用该对话框指定定义对象和基点以及其他参数，可定义图块并命名。

2. 图块保存

（1）执行方式

- 命令行：WBLOCK
- 功能区：插入→块定义→写块 🖳

（2）操作步骤

执行上述命令后，系统弹出如图 2-72 所示的"写块"对话框，利用此对话框可以把图形对象保存为图块或把图块转换成图形文件。

图 2-71 "块定义"对话框   图 2-72 "写块"对话框

3. 图块插入

（1）执行方式

- 命令行：INSERT
- 菜单栏：插入→块
- 工具栏：插入→插入块 或绘图→插入块
- 功能区：默认→块→插入 或插入→块→插入

（2）操作步骤

执行上述命令后，系统弹出"插入"对话框，如图 2-73 所示，利用此对话框设置插入点位置、插入比例以及旋转角度，可以指定要插入的图块及插入位置。

图 2-73 "插入"对话框

2.7.2 图块的属性

1. 属性定义

（1）执行方式

- 命令行：ATTDEF（快捷命令：ATT）

- 菜单栏：修改→块→定义属性

（2）操作步骤

执行上述命令后，系统弹出"属性定义"对话框，如图 2-74 所示。

图 2-74 "属性定义"对话框

（3）选项说明

① "模式"选项组

- "不可见"复选框：选中该复选框，属性为不可见显示方式，即插入图块并输入属性值后，属性值在图中并不显示出来。

- "固定"复选框：选中该复选框，属性值为常量，即属性值在属性定义时给定，在插入图块时不再提示输入属性值。

- "验证"复选框：选中该复选框，当插入图块时，AutoCAD 重新显示属性值，让用户验证该值是否正确。

- "预设"复选框：选中该复选框，当插入图块时，AutoCAD 自动把事先设置好的默认值赋予属性，而不再提示输入属性值。

- "锁定位置"复选框：选中该复选框，当插入图块时，AutoCAD 锁定图块参照中属性的位置。解锁后，属性可以相对于使用夹点编辑的图块的其他部分移动，并且可以调整多行属性的大小。

- "多行"复选框：指定属性值可以包含多行文字。

② "属性"选项组

- "标记"文本框：输入属性标签。属性标签可由除空格和感叹号以外的所有字符组成，AutoCAD 自动把小写字母改为大写字母。

- "提示"文本框：输入属性提示。属性提示是插入图块时 AutoCAD 要求输入属性值的提示。如果不在此文本框内输入文本，则以属性标签作为提示。如果在"模式"选项组中选中"固定"复选框，即设置属性为常量，则不需设置属性提示。

- "默认"文本框：设置默认的属性值。可把使用次数较多的属性值作为默认值，也可不设默认值。其他选项组中的选项比较简单，在此不再赘述。

2. 修改属性定义

（1）执行方式

- 命令行：DDEDIT

- 菜单栏：修改→对象→文字→编辑

（2）操作步骤

执行上述命令后，命令行中的提示如下。

命令：DDEDIT✓

选择注释对象或[放弃(U)]：

在此提示下选择要修改的属性定义，系统弹出"编辑属性定义"对话框，如图 2-75 所示，可以在该对话框中修改属性定义。

3．图块属性编辑

（1）执行方式

- 命令行：EATTEDIT
- 菜单栏：修改→对象→属性→单个
- 工具栏：修改 II→编辑属性
- 功能区：默认→块→编辑属性

（2）操作步骤

执行上述命令后，命令行中的提示如下。

命令：EATTEDIT✓

选择块：

选择块后，系统弹出"增强属性编辑器"对话框，如图 2-76 所示。在该对话框中不仅可以编辑属性值，还可以编辑属性的文字选项和图层、线型、颜色等特性值。

图 2-75 "编辑属性定义"对话框

图 2-76 "增强属性编辑器"对话框

2.8 设计中心与工具选项板

使用 AutoCAD 设计中心可以很容易地组织设计内容，并把它们拖动到当前图形中。工具选项板是选项卡形式的区域，提供组织、共享和放置图块及填充图案的有效方法。工具选项板还可以包含由第三方开发人员提供的自定义工具。设计中心与工具选项板的使用大大方便了绘图，提高了绘图效率。

2.8.1 设计中心

1．启动设计中心

（1）执行方式

- 命令行：ADCENTER（快捷命令：ADC）
- 菜单栏：工具→设计中心
- 工具栏：标准→设计中心

- 组合键：Ctrl+2
- 功能区：视图→选项板→设计中心

（2）操作步骤

执行上述命令后，系统弹出设计中心。第一次启动设计中心时，默认打开的选项卡为"文件夹"。内容显示区采用大图标显示，左边的资源管理器采用竖显示方式显示系统的结构，浏览资源的同时，在内容显示区显示所浏览资源的有关细目或内容，如图 2-77 所示。

图 2-77　设计中心

2. 利用设计中心插入图形

设计中心最大的优点是可以将系统文件夹中的.dwg 图形当成图块插入到当前图形中。

从"查找结果"列表框中选择要插入的对象，双击对象，弹出"插入"对话框，如图 2-78 所示。在对话框中输入插入点、比例和旋转角度等数值，被选择的对象即可根据指定的参数插入到图形中。

图 2-78　"插入"对话框

2.8.2　工具选项板

1. 打开工具选项板

（1）执行方式

- 命令行：TOOLPALETTES
- 菜单栏：工具→选项板→工具选项板
- 工具栏：标准→工具选项板窗口
- 组合键：Ctrl+3
- 功能区：视图→选项板→设计中心

（2）操作步骤

执行上述命令后，系统自动弹出工具选项板，如图 2-79 所示。在工具选项板的选项卡上右击，在弹出的快捷菜单中选择"新建选项板"命令，如图 2-80 所示，系统新建一个空白选项板，可以命名该选项板，如图 2-81 所示。

2．将设计中心内容添加到工具选项板

在 DesignCenter 文件夹上右击，在弹出的快捷菜单中选择"创建块的工具选项板"命令，如图 2-82 所示，设计中心中存储的图元就出现在工具选项板中新建的 DesignCenter 选项板上，如图 2-83 所示，这样就可以将设计中心与工具选项板结合起来，建立一个快捷方便的工具选项板。

图 2-79　工具选项板

图 2-80　快捷菜单

图 2-81　新建选项板

图 2-82　快捷菜单

3. 利用工具选项板绘图

将工具选项板中的图形单元拖动到当前图形中,该图形单元就以图块的形式插入到当前图形中。图 2-84 所示为将"建筑"选项板中的"床—双人床"图形单元拖到当前图形中的效果。

图 2-83 新建的 DesignCenter 选项板

图 2-84 双人床

2.9 对象查询

对象查询的菜单命令集中在"工具"→"查询"菜单中,如图 2-85 所示。而其工具栏命令则主要集中在"查询"工具栏中,如图 2-86 所示。

图 2-85 "工具"→"查询"菜单

图 2-86 "查询"工具栏

2.9.1 查询距离

1. 执行方式

- 命令行：DIST
- 菜单栏：工具→查询→面积
- 工具栏：查询→面积

2. 操作步骤

命令：DIST✓
指定第一点：（指定第一点）
指定第二点或 [多个点(M)]：（指定第二点）
距离=5.2699，XY平面中的倾角=0， 与XY平面的夹角 = 0
X 增量=5.2699， Y 增量=0.0000， Z 增量=0.0000

面积、面域/质量特性的查询与距离查询类似，不再赘述。

2.9.2 查询面积

1. 执行方式

- 命令行：AREA
- 菜单栏：工具→查询→距离
- 工具栏：查询→距离

2. 操作步骤

命令：AREA✓
指定第一个角点或 [对象(O)/增加面积(A)/减少面积(S)/退出(X)] <对象(O)>：（指定一点）
指定下一个点或 [圆弧(A)/长度(L)/放弃(U)]：

3. 选项说明

（1）指定第一个角点：选择此选项，用户只需指定要查询对象的各个角点，就可以查询出对象的
面积。

（2）对象（O）：此选项适用于查询封闭对象的面积，
如矩形、圆、面域等。

如果选择开放的多段线，将假设从最后一点到第一
点绘制了一条直线，然后计算所围区域的面积。计算周
长时，将忽略该直线的长度，如图 2-87 所示。

（a）选定开放多段线　　　（b）查询的面积
图 2-87　开放区域面积查询

（3）增加面积（A）/减少面积（S）：在现有的面积基础上增加或减少指定区域的面积。

（4）圆弧（A）：选择此选项，系统按给定参数的圆弧计算区域的边界。

（5）长度（L）：选择此选项，系统按给定长度以及鼠标指定的方向确定区域的边界。

第3章

大酒店大堂室内设计图绘制

■ 本章以一个大酒店的室内设计图为例，结合前面章节的基本绘图知识，重点介绍绘制的难点和相关注意事项，进一步介绍较复杂的室内设计二维图的绘制。

■ 从第3章开始，在绘图讲解中不再刻意介绍图层划分管理内容和线宽设置内容，读者在操作时可以根据前面章节介绍的图层管理思路和线宽设置思路自行设置，读者一定要养成按图层进行绘图的习惯，这样可以带来很多方便。

3.1 大堂室内设计要点

大堂是指主入口处的大厅，一般包括门厅和与之相连的总台、休息厅、餐饮区、楼梯和电梯厅、小商店及其他相关的辅助设施。大堂是宾客接触的第一站、大酒店的重要交通枢纽和服务空间。为了满足功能要求又能显示大酒店的品位和特色，大堂室内设计显得尤为重要。

首先，大堂设计时要合理规划各功能分区，安排好交通路线。总台是大堂中的主要功能区，它应布置在醒目、易于接近而又不干扰其他人流的位置。休息区布置在相对安静、不易被人流干扰的位置，根据酒店大小可以结合餐饮、绿化、室内景观等元素共同考虑。

其次，大堂的室内设计风格应体现气派、高雅、清爽、整洁的特征，因而需要综合考虑空间造型、色彩、材质、灯光、家具陈设、室内绿化景观等方面的因素，以适应这一特征。

本章采用的实例是人流较大、商务繁忙的大酒店，它属于中转站宾馆的范畴。该宾馆底层为车库、设备层；一层设有大堂、茶室、咖啡厅、小商店及辅助用房；二层设快餐厅及少量餐厅包房；三到五层为标准层，作客房用；局部六层为设备、辅助用房。

3.2 建筑平面图绘制

这里所说的建筑平面图不是严格意义上的建筑平面图，实际上只是室内平面图绘制的前期工作，包括墙体、门窗、柱子、楼梯等建筑构件所形成的建筑平面布局，如图 3-1 所示。

图 3-1 大酒店一层建筑平面布局图

在进行室内计算机制图时，建筑平面图有以下几种来源。

（1）参照建筑施工图、竣工图等图样资料，将它复制到计算机中，根据现场实际情况进行修改。

（2）直接从建筑师那里得到电子图档，根据室内制图的要求进行修改、利用。这种方式省去了室内制图的部分工作，提高了工作效率。

（3）找不到建筑专业的图样资料，只有根据现场测绘的资料绘制。这种方式工作量相对较大。

不管是何种情况，由于各种建筑构件的平面尺寸及其平面的相对关系都是现成的，因此这部分工作难度都不大，只要掌握绘制方法即可。

（光盘：动画演示\第 3 章\建筑平面图绘制.avi）

3.2　建筑平面图
绘制

3.2.1　绘制思路分析

从图 3-1 中可以看出，该建筑为钢筋混凝土框架结构，中部涂黑部分为钢筋混凝土剪力墙结构。该平面图不是规则的矩形或矩形的组合，有一面外墙成弧形，这给绘制带来一定的难度。如何绘制这个平面图呢？第 1 步，轴网绘制，便于其他部分的定位及绘制；第 2 步，绘制柱子和剪力墙；第 3 步，绘制墙体；第 4 步，绘制门窗；第 5 步，绘制楼梯和台阶；第 6 步，绘制其他剩余图例。

3.2.2　绘制步骤

建筑平面图一般绘制步骤如下。

①系统设置；②轴网绘制；③柱子绘制；④墙体绘制；⑤门窗绘制；⑥阳台、楼梯及台阶绘制；⑦其他构配件及细部绘制；⑧轴线标注及尺寸标注；⑨文字说明标注。

3.2.3　系统设置

（1）单位设置。在 AutoCAD 2016 中，是以 1∶1 的比例绘制，到出图时再考虑以 1∶100 的比例输出。比如说，建筑实际尺寸为 3m，在绘图时输入的距离值为 3000。因此，将系统单位设为毫米（mm）。以 1∶1 的比例绘制，输入尺寸时就不需换算，比较方便。

单位设置的具体操作是：选择菜单栏中的"格式"→"单位"命令，打开"图形单位"对话框，如图 3-2 所示进行设置，然后单击"确定"按钮完成操作。

图 3-2　单位设置

（2）图形界限设置。将图形界限设置为 A3 图幅。AutoCAD 2016 默认的图形界限为 420×297，已经是 A3 图幅，但是现在以 1∶1 的比例绘图，当以 1∶100 的比例出图时，图样空间将被缩小 100 倍，所以现在将图形界限设为 42000×29700，扩大 100 倍。命令行提示与操作如下。

```
命令:LIMITS✓
重新设置模型空间界限:
指定左下角点或 [开(ON)/关(OFF)] <0,0>:✓
指定右上角点 <420,297>: 42000,29700✓
```

（3）坐标系设置。选择菜单栏中的"工具"→"命名 UCS"命令，打开"UCS"对话框，将世界坐标系设为当前，如图 3-3 所示，选择"设置"选项卡，如图 3-4 所示进行设置，单击"确定"按钮完成设置。这样，UCS 标志将总位于左下角。

图 3-3 "UCS"对话框

图 3-4 "设置"选项卡

3.2.4 轴网绘制

当拿到一张建筑平面图准备绘制轴线网格时，首先应分析轴线网格构成的特征及规律。例如本例的轴线网格（简称轴网），如图 3-5 所示。A~F 轴线部分的网格都是正交的矩形网格，可以明显地看出有多个重复出现的尺寸为 3900 的开间，局部几个开间尺寸不同，也容易确定。此外，该部分的进深尺寸也明确。F~J 轴线主要为弧形轴网。对于弧形轴网，就要分析弧线的圆心在什么位置、分割的弧度大小、径向划分尺寸等；另外还要明确正交网格和弧形网格的交接位置在哪里。只要搞清楚这些内容，对于正交网格，用"偏移""阵列""复制对象"等编辑命令由一条直线复制出多条直线；对于弧形网格，用"偏移"命令复制出多条弧形轴线，如图 3-6 所示。用"环形阵列"选取直线为阵列对象，设置其阵列中心点为"1147，662"，指定项目间角度为-45°，项目数为 3，即可绘制出多条放射状轴线，如图 3-7 所示。

本着逐步细化的绘制方法，第一步不必把所有墙体所在位置的轴线都绘出，而是先把有规律的、控制性的轴网绘制出来。而分隔较细的、局部的轴线可以在主要墙体绘制好以后，再采用"偏移"或"复制对象"命令绘出。如果一开始就绘制所有轴线，会出现以下情况：一是感觉混乱，无从下手；二是即使绘出了轴网，绘制墙体时容易找错墙体的位置。

绘制轴网的操作步骤如下。

（1）建立轴线图层。单击"图层"工具栏中的"图层特性管理器"按钮，打开"图层特性管理器"对话框，建立一个新图层，命名为"轴线"，选择颜色为红色，线型为"CENTER"，线宽为默认值，并设置为当前层，如图 3-8 所示。确定后返回到绘图状态。

图 3-5　轴线网格

图 3-6　偏移弧形轴线示意　　　　　　　　　　　图 3-7　阵列径向轴线示意

图 3-8　轴线图层参数

　　选择菜单栏中的"格式"→"线型"命令，打开"线型管理器"对话框，单击右上角"显示细节"按钮，线型管理器下部呈现详细信息，将"全局比例因子"设为 30，如图 3-9 所示。这样，点画线、虚线的样式就能在屏幕上以适当的比例显示，如果仍不能正常显示，可以适当调整这个值。

　　（2）对象捕捉设置。将鼠标箭头移到状态栏"对象捕捉"按钮上，右击鼠标打开一个快捷菜单，如图 3-10 所示，单击"对象捕捉设置"命令，打开对象捕捉设置选项卡，将捕捉模式按如图 3-11 所示进行设置，然后单击"确定"按钮保存设置。

图 3-9　线型显示比例设置

图 3-10　打开对象捕捉设置

图 3-11　对象捕捉设置

（3）竖向轴线绘制。单击"绘图"工具栏中的"直线"按钮，绘制两条竖向直线。命令行提示与操作如下。

命令：LINE
指定第一个点：（在图中合适的位置指定一点）
指定下一点或 [放弃(U)]：@0,7100↙
指定下一点或 [闭合(C)/放弃(U)]：↙
命令：LINE
指定第一个点：（在距离上一轴线起始点右侧1800处指定一点）
指定下一点或 [放弃(U)]：@0,27200↙
指定下一点或 [闭合(C)/放弃(U)] ↙

绘制两条轴线后，单击"标准"工具栏中的"实时缩放"按钮，调整图形大小，如图 3-12 所示。

再单击"修改"工具栏中的"偏移"按钮，向右复制其他 11 条竖向轴线，偏移量依次为 4500mm、3900 mm、3900 mm、3900 mm、3900 mm、3900 mm、3900 mm、3900 mm、3900 mm、4320 mm、3480 mm，结果如图 3-13 所示。

图 3-12　绘制两条轴线　　　　　　　　　图 3-13　偏移其他竖向轴线

（4）横向轴线绘制。在绘图区左下角适当位置选取直线的初始点，输入第二点的相对坐标"@53100,0"，按 Enter 键后绘制第一条轴线，使用"标准"工具栏中的"实时缩放"按钮 🔍 处理后如图 3-14 所示。

单击"修改"工具栏中的"偏移"按钮 ，向上复制其他 5 条横向轴线，偏移量依次为 4200mm、4200 mm、4200mm、3900mm、9597mm，结果如图 3-15 所示。

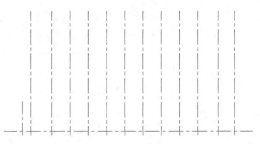

图 3-14　绘制一条横向轴线

重复直线命令，绘制其他横向轴线，横向轴线的尺寸参考图如图 3-5 所示，结果如图 3-16 所示。

图 3-15　偏移其他横向轴线

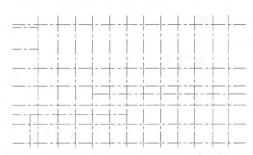

图 3-16　绘制其他横向轴线

（5）弧形轴线绘制。单击"绘图"工具栏中的"圆弧"按钮 ，绘制一条弧线，如图 3-17 所示，尺寸参考图如图 3-5 所示。

同样单击"修改"工具栏中的"偏移"按钮 ，向下复制其他两条弧形轴线，偏移量依次为 5025mm、5025mm。这样，就完成了弧形轴线绘制，结果如图 3-18 所示。

图 3-17　绘制的一条弧形轴线

图 3-18　绘制弧形轴线

（6）斜轴线绘制。单击左边第四条竖直长轴线，调整轴线的长度。然后单击"修改"工具栏中的"环形阵列"按钮 ，指定阵列中心点，设置项目总数为 5，项目间角度为 5°，绘制完成轴网图形，效果如图 3-19 所示。

图 3-19　轴网图形

3.2.5　柱子绘制

本例所涉及的柱子为钢筋混凝土构造柱，为矩形截面，截面大小为 240mm×240mm。

建立一个柱子图层，首先绘制一个正方形，填充涂黑，然后逐个复制到相应位置，复制的命令为"环形阵列""复制对象""旋转"等。在进行柱子定位时，应该注意不是所有柱子的中心点都与轴线交点重合，有的柱子偏离轴线交点一定距离，即柱偏心，本例中的周边柱都存在偏心，在弧线轴网处还存在转动。

1．建立图层

图层命名为"柱子"，颜色选取白色，线型为实线"Continuous"，线宽为"默认"，并置为当前层，如图 3-20 所示。

图 3-20　柱子图层参数

2．绘制柱子

（1）将左下角的节点放大，单击"绘图"工具栏中的"矩形"按钮 □，捕捉两个轴线的交点，指定对角点坐标为"@700,700"，即可绘出柱子轮廓，如图 3-21 所示。

图 3-21　柱子轮廓

（2）单击"绘图"工具栏中的"图案填充"按钮 ▨，打开"图案填充创建"选项卡，如图 3-22 所示，设置填充类型为 SOLID，选择填充区域为填充图形，结果如图 3-23 所示。

图 3-22　"图案填充创建"选项卡

图 3-23　填充后的柱子

（3）单击"修改"工具栏中的"复制"按钮 ，将柱子图案复制到相应的位置上。注意复制时，灵活应用对象捕捉功能以方便定位。

（4）单击"修改"工具栏中的"旋转"按钮 ，将复制后的柱子进行相应的旋转，结果如图 3-24 所示。

图 3-24　柱的绘制

3.2.6　剪力墙绘制

绘制剪力墙时，首先绘制出墙体的轮廓线，然后绘出洞口位置，最后将洞口以外的闭合墙体轮廓线内填充涂黑，这样就绘好了剪力墙。绘制轮廓线时，直线型的剪力墙可以用"多线"命令绘制，也可以用"偏移"命令由轴线向两侧偏移出来，偏移出来的线条需要将它们添加到墙体图层内，以便管理。对于弧线型的墙体，采用"偏移"命令由轴线向两侧偏移出来。注意各线条之间的搭接要准确，否则，图案填充时计算机容易找不到填充边界。

3.2.7　墙体绘制

平面墙体绘制之前，须了解关于墙体的几个参数：墙体的厚度、墙体的形状、墙体的布置位置。其中墙体的布置位置一般是指它相对最近轴线的网格位置。理解这些参数，才可以通过一些绘图命令将墙体绘制、布置出来。

建立一个墙体图层，先用"多线"命令粗略绘制双线墙，然后对其进行编辑处理。拟用到的命令有"多线""分解""修剪""延伸""倒角"等。

绘制过程中，首先绘制出整片墙体的双线，不用考虑墙上开门窗、开洞口的问题，如图 3-25 所示。单片墙体的绘制方法跟前面提到的一样，在墙体的交接处，用"修剪""延伸""倒角"等命令进行修改处理。

图 3-25　墙体绘制

对于复杂的墙体布置（例如本例），一般遵循由总体到局部、逐步细化的过程来进行。

1. 建立图层

首先，建立一个新图层，命名为"墙体"，颜色为白色，线型为实线"Continuous"，线宽为默认，并置为当前层，如图 3-26 所示。

图 3-26　墙体图层参数

然后，将轴线图层锁定。单击"图层"工具栏中的"图层控制"下拉按钮，如图 3-27 所示，将鼠标移动到轴线层上单击"锁定/解锁"按钮🔓，将图层锁定，如图 3-28 所示。

图 3-27　"图层控制"下拉按钮　　　　　图 3-28　锁定轴线图层

2. 墙体粗绘

（1）设置"多线"的参数。选择菜单栏中的"绘图"→"多线"命令，命令行提示与操作如下。

```
命令: MLINE
当前设置: 对正 = 上, 比例 = 20.00, 样式 = STANDARD　（初始参数）
指定起点或 [对正(J)/比例(S)/样式(ST)]: J　（选择对正设置, 回车）
输入对正类型 [上(T)/无(Z)/下(B)] <上>: Z　（选择两线之间的中点作为控制点, 回车）
当前设置: 对正 = 无, 比例 = 20.00, 样式 = STANDARD
指定起点或 [对正(J)/比例(S)/样式(ST)]: S　（选择比例设置, 回车）
输入多线比例 <20.00>: 240　（输入墙厚, 回车）
当前设置: 对正 = 无, 比例 = 240.00, 样式 = STANDARD
指定起点或 [对正(J)/比例(S)/样式(ST)]: （回车完成设置）
```

（2）选择菜单栏中的"绘图"→"多线"命令，当命令行提示"指定起点或 [对正（J）/比例（S）/样式（ST）]:"时，用鼠标选取左下角轴线交点为多线起点，画出第一段墙体。用同样的方法画出剩余的240mm 厚墙体。

（3）选择菜单栏中的"绘图"→"多线"命令，仿照（1）中的方法将墙体的厚度定义为 120mm，即将多线的比例设为 120mm，绘出剩余的 120mm 厚墙体。

此时墙体与墙体交接处（也称节点）的线条没有正确搭接，可用编辑命令进行处理。

（4）由于下面所用的编辑命令的操作对象是单根线段，所以先对多线墙体进行分解处理。单击"修改"工具栏中的"分解"按钮🗗，将所有的墙体选中（因轴线层已锁定，把轴线选在其内也无妨），回车确定（也可单击鼠标右键确定）。

（5）单击"修改"工具栏中的"修剪"按钮🔪、"延伸"按钮🔪、"倒角"按钮🔲等命令对每个节点进行处理。操作时，可以灵活借助显示缩放功能缩放节点部位，以便编辑，结果如图 3-25 所示。

3.2.8　门窗绘制

首先在墙体图层中绘制出门窗洞口。然后，建立"门窗"图层，并在该图层中绘制门窗图样。

需要说明的是，对于窗，须事先知道它的宽度和沿墙体纵向安装的位置；对于门，须知道它的宽度、沿墙体纵向安装的位置、门的类型（平开门、推拉门或其他门）及开取方向（向内开还是向外开）；对于洞口，须知道它的宽度、沿墙体纵向安装的位置。在不便定位的地方，可以借助辅助线。

1. 洞口绘制

绘制洞口时，常以临近的墙线或轴线作为距离参照来帮助确定洞口位置。现在以客厅窗洞为例，拟画洞口宽2100mm，位于该段墙体的中部，因此洞口两侧剩余墙体的宽度均为750mm（到轴线）。具体操作如下。

（1）打开"轴线"层，并解锁，将"墙体"层置为当前层。单击"修改"工具栏中的"偏移"按钮，将第一根竖向轴线向右复制出两根新的轴线，偏移量依次为750mm、2100mm。

（2）单击"修改"工具栏中的"延伸"按钮，将它们的下端延伸至外墙线。然后，单击"修改"工具栏中的"修剪"按钮，将两根轴线间的墙线剪掉，如图 3-29（a）所示。最后单击"绘图"工具栏中的"直线"按钮，将墙体剪断处封口，并将这两根轴线删除，这样，一个窗洞口就画好了，结果如图 3-29（b）所示。

（3）采用同样的方法，将剩余的门窗洞口画出来。

（a）窗洞绘制 1 　　　　　　　　　　　　　　　　（b）窗洞绘制 2

图 3-29　绘制窗口

确定洞口的画法多种多样，上述画法只是其中一种，读者可以灵活处理。

2. 门窗的绘制

（1）建立"门窗"图层，参数如图 3-30 所示，设置为当前层。

| ✓ 门窗 | ♀ | ☼ | 🔓 ■蓝 | Continu... | —— 默认 | 0 | Color_5 |

图 3-30　门窗图层参数

（2）对于门，如果利用前面做的图块，则可直接插入图块，并按相应的比例缩放，放置到具体的门洞处。放置时须注意门的开启方向，若方向不对，则利用"镜像"命令和"旋转"命令进行左右翻转或内外翻转。如不利用图块，则可以直接绘制，并复制到各个洞口上去。

对于窗，直接在窗洞上绘制也是比较方便的，不必采用图块插入的方式。首先，在一个窗洞上绘出窗图例。然后，复制其到其他洞口上。在碰到窗宽不相等时，用"拉伸"命令进行处理，门窗的位置及结果如图 3-1 所示。

3.2.9　楼梯、台阶绘制

楼梯的绘制，需要注意底层、中间层、顶层的楼梯表示方法是不一样的。避免出错的关键在于明白平面图的概念，不同楼层的剖切位置不同，因此从剖切位置向下正投影时看到的梯段也不同，故而表示方法不同。本例中涉及到的是双跑楼梯，虽然在首层，但下面还有一层地下层，故作中间层的楼梯表示，如图 3-31 所示。

绘制楼梯，需要知道以下参数。

（1）楼梯形式（单跑、双跑、直行、弧形等）。

（2）楼梯各部位长、宽、高 3 个方向的尺寸，包括楼梯总宽、总长、梯段宽度、踏步宽度、踏步高度、平台宽度等。

（3）楼梯的安装位置。

如不采用二次开发软件的楼梯绘制模块，可直接用 AutoCAD 绘制。下面以双跑楼梯为例介绍其绘制方法。

（1）单击"绘图"工具栏中的"直线"按钮、"阵列"按钮、"偏移"按钮、"复制"按钮、"修剪"按钮、"延伸"按钮、"打断"按钮、"倒角"按钮，绘出如图 3-31（a）所示的图案。

（2）对于中间层的楼梯，在图 3-31（a）的基础上增加双剖切线，如图 3-31（b）所示，并把双剖切线覆盖的部分用"修剪"命令修剪掉，画出楼梯行走方向箭头，标出上下级数说明，结果如图 3-31（c）所示。

（3）对于底层的楼梯，在图 3-31（a）的基础上将多余的部分删除，结果如图 3-32 所示。

（4）对于顶层的楼梯，在图 3-31（c）的基础上修改栏杆画法，画出楼梯方向箭头，标出文字说明，结果如图 3-33 所示。

（a）楼梯平面图线　　　　　（b）双剖切线　　　　　（c）中间楼层楼梯平面图

图 3-31　楼梯安装

图 3-32　底层楼梯平面图　　　　　图 3-33　顶层楼梯平面图

台阶的画法，在明白几何尺寸、相对位置的前提下，同样绘制即可。

3.2.10　电梯绘制

在本例中，还需表示出电梯符号及管道井的符号，如图 3-34 所示。

图 3-34　电梯及管道井

3.3 大堂室内平面图绘制

前面已介绍过建筑平面图的绘制思路及方法，但是本实例中的建筑平面比较复杂，所以本节先简单介绍一下大酒店底层建筑平面图的绘制方法和技巧。在此基础上进行室内平面图的绘制，如图 3-35 所示。

一层大堂平面 1:100

图 3-35 大堂室内平面图

（光盘：动画演示\第 3 章\大堂室内平面图绘制.avi）

3.3.1 一层平面功能流线分析

为了把握大堂区域的功能布局，现对一层平面进行功能及流线分析，结果如图 3-36 所示。通过功能分析，一方面领会建筑师的设计意图，另一方面也为下一步室内布局做好准备。

3.3 大堂室内平面图绘制

图 3-36 功能流线分析图

3.3.2 大堂平面布局

建议将室内家具、陈设单独设置图层放置，前面章节介绍了大量图层设置管理的内容，可以根据其中一个思路来思考本例的图层设置。在一些二次开发应用软件里，计算机会根据平面图图元类别自动生成不同的图层。

1．休息区布局

根据功能流线的分析，将休息区布置在如图 3-37（a）所示的位置。在休息区内，需要布置沙发、茶几、书报杂志陈设以及绿化设施等，使得客人在此空间内可以短暂休息、等候或谈话等。

在选择家具时，设计师一般从尺度大小、材料质感、风格品位、购买价位等方面综合考虑确定。

掌握了家具绘制的基本方法后，在实际室内设计中不必每个家具都去从头绘制其图样。常规做法是，平时注意收集整理一些各种风格样式家具的平、立面图样，做成图块，在平面布置时直接调用。不少二次开发软件里都集成了许多这样的图块。在插入图块时，可根据设计的需要对图块的大小、方向等进行调整或者做局部修改。对于设计师独创的家具样式，则要从头绘制。

本例的沙发、茶几、绿化盆景就是采用调用图块的方式完成的，而杂志架、屏风则是直接绘制的。休息区布置考虑了不同人群对于同一个休息空间的需要，如图 3-37（b）所示为休息区空间的分析图。

（a）休息区的选择　　　　　　　　　　　（b）休息区空间分析图

图 3-37　休息区分析图

（1）建立图层。建立一个"家具"图层，参数如图 3-38 所示进行设置，置为当前层。

图 3-38　家具图层参数

（2）单击"标准"工具栏中的"实时缩放"按钮，将大堂的休息区部分放大，单击"绘图"工具栏中的"插入块"按钮，如图 3-39 所示。打开"插入"对话框，然后单击上面的"浏览"按钮，如图 3-40 所示。打开"选择图形文件"窗口，按路径"源文件\图库\沙发.dwg"找到沙发图块文件，单击"打开"按钮打开，如图 3-41 所示。在"插入"对话框输入参数，如图 3-42 所示。

图 3-39　"绘图"工具栏"插入块"按钮

图 3-40　单击"浏览"按钮选择图块文件

图 3-41　打开"沙发 01"图块

拖动图块选择左下角内墙角点为插入点，单击鼠标左键确定，结果如图 3-43 所示。

重复插入沙发命令，将其他沙发插入到图形中，结果如图 3-44 所示。

图 3-42　"插入"对话框

图 3-43　插入沙发后的图形

图 3-44　插入其他沙发后的图形

（3）茶几。茶几在沙发的前面，具体位置可以根据图形中相应的位置进行调整。

采用上面同样的图块插入方法，按路径"源文件\图库\平面图块\茶几.dwg"找到茶几图块文件，插入的旋转角度可以根据具体放置位置进行设置，然后选取插入点，单击鼠标左键确定。插入茶几后的图形如图 3-45 所示。

图 3-45　插入茶几后的图形

（4）绿化盆景。绿化盆景有两部分，一部分为沙发旁边的，另一部分为柱子旁边的。其具体位置可以根据图形中相应的位置进行调整。

采用上面同样的图块插入方法，插入绿化盆景，插入的旋转角度可以根据具体放置位置进行设置，然后选取插入点，单击鼠标左键确定。插入绿化盆景后的图形如图 3-46 所示。

（5）屏风。屏风是一个规则简单的图形，直接绘制即可。首先绘制单个屏风图形，然后进行阵列即可。

单击"缩放"工具栏中的"窗口缩放"按钮 🔍，将需要放置屏风的位置部分放大，然后单击"绘图"工具栏中的"直线"按钮 ✏️，绘制屏风的一部分，如图 3-47 所示。

图 3-46　插入绿化盆景后的图形

图 3-47　绘制屏风的一部分

单击"修改"工具栏中的"复制"按钮 🗐，选择上一步绘制的图形为复制对象，对其进行连续复制，结果如图 3-48 所示。

图 3-48　阵列后的屏风图形

（6）杂志架是一个规则简单的图形，既可直接绘制，又可以使用其他方法，比如偏移、阵列等方法进行绘制。在此不再详细介绍，可以参考前面的介绍。绘制后的图形如图 3-49 所示。

图 3-49　绘制杂志架后的休息区布置图

2. 总台区布局

总台是总服务台的简称，有时也称为前台。总台一般集合了住宿登记、问询、结账、邮电、存物等业务。有的大酒店将银行、订票、商务等也放到总台来做，有的单独设立。

总台的主要设施是服务台，另外可根据具体情况设置一些总台的辅助用房，例如本例中设置了休息室和贮藏室。服务台的面积根据客流量的大小和总台的业务种类多少来确定，对于更具体的尺寸和布局要求读者参阅有关室内设计手册。

本例的服务台尺寸为 6200 mm×900mm，靠里一端留出 900mm 的工作人员进出通道。休息室内布置一张单人床和一对沙发，如图 3-50 所示。

绘制要点如下。

（1）服务台的绘制可以单击"绘图"工具栏中的"直线"按钮 ✎ 或"多段线"按钮 ➷，以涂黑的柱角为起点，然后输入相对坐标来完成。

（2）台面上的台式计算机图案，可以从图库中插入，也可以自己绘制。

图 3-50　总台区布置

3. 其他布局

为了方便客人，本大堂中还布置了计算机查询台、IC 电话亭等设施。布置这些设施也要综合考虑人流情况和功能特征，确定它们在大堂内的合理位置，不能随意布置。图 3-51 所示，计算机查询台布置在大厅里的两根柱子中间，这样的布局便于使用，也不会影响到人流通过；IC 电话亭布置在大厅靠商店的一角，既避免了喧闹的人流对通话的干扰，又避免了通话声音对安静区域的干扰。

计算机查询台和 IC 电话亭是直接绘制的，可根据它们的设计尺寸绘制出一个，再复制出另外几个。

到此，大堂室内平面布置结束。

图 3-51　大堂室内平面布置

3.3.3　地面材料及图案绘制

本例采用 700mm×700mm 花岗石铺地，中间设计一些铺地图案，如图 3-52 所示。

图 3-52　大堂铺地

首先，将家具陈设图层关闭，绘制出铺地网格；然后，绘制出中间的地面拼花图案，它与网格重叠相交的部位要进行修剪、删除、打断等处理；最后，打开家具图层，将重叠部分去掉。当室内平面图比较拥挤时，可以单独另画一张地面材料平面图。

1. 准备工作

（1）建立"地面材料"图层，参数如图 3-53 所示进行设置，并置为当前层。

| ⟋ 地面材料 | ♀ | ☼ | ⬜ | ■白 | Continu... | —— 默认 | 0 | Color_7 |

图 3-53　"地面材料"图层参数

（2）关闭"家具""植物"等图层，让绘图区域只剩下墙体及门窗部分。

2．初步绘制地面图案

（1）单击"绘图"工具栏中的"直线"按钮 ，把平面图中不同地面材料分隔处用直线划分出来，并将需要填充的区域封闭起来。

（2）对 700mm×700mm 地砖区域（大堂厅及过道部分）进行缩放显示，注意必须保证该区域全部显示在绘图区内。单击"绘图"工具栏中的"图案填充"按钮 ，打开"图案填充创建"选项卡，选择大堂区域进行填充。

（3）对"图案填充创建"选项卡中的参数进行设置，需要的网格大小是 700mm×700mm，但不知道 AutoCAD 2016 提供的网格是多大。这里提供一个检验的方法，将网格以 1∶1 的比例填充，放大显示一个网格，选择菜单栏中的"工具"→"查询"→"距离"命令，如图 3-54 所示，查出网格大小（查询结果在命令行中显示）。如果事先查出"NET"图案的间距是 3.5mm，那么填充比例输入 200，如图 3-55 所示，这样就可得到近似于 700mm×700mm 的网格。由于单位精度的问题，这种方式填充的网格线不是十分精确，但是基本上能够满足要求。如果需要绘制精确的网格，那么可以采用直线阵列的方式完成。设置好参数后，单击确定完成。

（4）采用同样的方法将其他区域的地面材料绘制出来，结果如图 3-56 所示。

图 3-54　"距离查询"命令

图 3-55　大堂地面图案填充参数

图 3-56　填充的图案

3．绘制地坪拼花图案

地坪拼花图案比较复杂，如图 3-57 所示，它由不同颜色的大理石切割拼贴而成。绘制的方法如下。

（1）单击"绘图"工具栏中的"圆"按钮⊙，绘制 6 个同心圆，圆的直径分别为 360mm、470mm、1600mm、1700mm、2400mm、2600mm，结果如图 3-58 所示。

图 3-57　地坪拼花图案

图 3-58　绘制的同心圆

（2）观察剩余图案重复出现的规律，单击"绘图"工具栏中的"直线"按钮✏，绘出基本图元，结果如图 3-59 所示。

（3）单击"绘图"工具栏中的"环形阵列"按钮，选择如图 3-59 所示图元为阵列对象，选取图元中心为阵列中心点，设置项目数为 8，项目间角度为 360°，然后按 Enter 键确定，结果如图 3-60 所示。

（4）单击"修改"工具栏中的"修剪"按钮，将图中多余的部分进行修剪，结果如图 3-61 所示。

图 3-59　绘制的图元

图 3-60　阵列后的地坪图案

图 3-61　修剪后的地坪图案

4．形成地面材料平面图

如果想绘制一个单独的地面材料平面图，按以下步骤进行处理。

（1）将文件另存为"地面材料平面图"。

（2）在图中加上文字，说明材料名称、规格及颜色等。

（3）标注尺寸，重点标明地面材料，其他尺寸可以淡化。

（4）加上图名、绘图比例等。

3.3.4 文字、尺寸及符号标注

1. 准备工作

在没有正式进行文字、尺寸标注之前，需要根据室内平面图的要求进行文字样式设置和标注样式设置。

（1）文字样式设置：单击"样式"工具栏中的"文字样式"按钮，如图 3-62 所示，打开"文字样式"对话框，将其中各项内容如图 3-63 所示进行设置，同时设为当前状态。

图 3-62 "样式"工具栏"文字样式"按钮

图 3-63 文字样式设置参数

（2）标注样式设置：单击"样式"工具栏中的"标注样式"按钮，打开"标注样式管理器"，新建"室内"样式，将其中各项内容如图 3-64～图 3-66 所示进行设置，同时设为当前状态。

图 3-64 标注样式设置 1

图 3-65 标注样式设置 2

2. 文字标注

文字标注主要采用两种方式：一是利用 QLEADER 命令，做带引线的标注；另一种是利用"绘图"工具栏中的"多行文字"按钮A，如图 3-67 所示，做无引线的标注。本例中只有无引线标注，下面具体介绍无引线标注方式。

图 3-66　标注样式设置 3

图 3-67　"绘图"工具栏"多行文字"按钮 A

（1）打开"文字"图层，单击"绘图"工具栏中的"多行文字"按钮 A，打开"文字编辑器"选项卡和多行文字编辑器，设置高度为 250，如图 3-68 所示。

图 3-68　"文字编辑器"选项卡和多行文字编辑器

（2）其他位置名称如下进行标注，标注后将名称位置做适当的调整，结果如图 3-69 所示。

图 3-69　标注文字后的图形

3. 尺寸标注

尺寸标注采用线性标注，以标注室内平面图中的尺寸。

（1）将"尺寸"图层设为当前层，暂时将"文字"图层关闭。可以考虑将原来建筑平面图中不必要的尺寸删除。

（2）单击"标注"工具栏中的"线型标注"按钮┣┫，沿周边将房间尺寸标注出来。打开"文字"图层，发现文字标注与尺寸标注重叠，导致无法看清。

（3）单击"修改"工具栏中的"移动"按钮✥，将上一步标注的尺寸向外移动，避开文字标注部分，结果如图 3-70 所示。

图 3-70 标注尺寸后的图形

4. 符号标注

在该平面图中需要标注的符号主要是大堂立面内视符号，为节约篇幅，事先已经将它们做成图块，存于附带光盘内，下面在平面图中插入相应的符号。

（1）建立"符号"图层，参数如图 3-71 所示进行设置，设为当前层。

⬭ 符号　　　🔆 ☼ 🔓 ■ 253 Continu... ── 默认 0 Color_...

图 3-71 "符号"图层参数

（2）在"源文件\图库\立面内视符号"文件夹内找到立面内视符号，将其插入到平面图内。在操作过程中，若符号方向不符，则单击"修改"工具栏中的"旋转"按钮↺，对其进行纠正；若标号不符，可将图块分解，然后将文字重新编辑。总之，要灵活处理，随机应变。

图中立面位置符号指向的方向，就意味着要画一个立面图来表达立面设计思想。

对室内平面图进行文字、尺寸及符号标注后，则完成大堂室内平面图结果如图 3-35 所示。

3.4 大堂室内立面图绘制

大堂立面图的绘制，虽然比大堂室内平面图要复杂得多，但基本思路是一致的。在本节中，依次介绍 A、B、C 这 3 个主要室内立面图的绘制要点，如图 3-72 所示。

图 3-72　大堂室内立面图

3.4.1　概述

为了适应大酒店"中转站"的特点，本例室内立面图着重表现庄重典雅、大气时尚、具有现代感的设计风格，并考虑与室内地面的协调。装饰的重点在于墙面、柱面、服务台及其交接部位，采用的材料主要为天然石材、木材、不锈钢、局部软包等。

3.4.2　A 立面图绘制

A 立面是宾客走入大厅迎面看到的墙面，是立面处理的重点之一。该立面需要表达的内容有柱面、墙面、茶室和过道入口立面图及它们之间的相互关系。为了表达边柱与维护墙的关系，采用剖立面图的方式绘制。

（光盘：动画演示\第 3 章\A 立面图绘制.avi）

1. 立面图轮廓

首先绘出立面图上下轮廓线，然后借助平面图来为立面图提供水平方向的尺寸。

（1）绘出立面图的上下轮廓，上轮廓为顶棚地面与墙面的交线，下轮廓为地坪线，两条直线的间距为 3400mm。

3.4.2　A 立面图
绘制

（2）结合所学知识完成立面图轮廓的绘制，结果如图 3-73 所示。

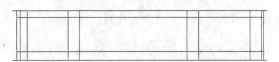

图 3-73　绘制立面图轮廓

2. 柱面

柱面的装饰分为 3 段：柱础、柱身、柱头，如图 3-74、图 3-75 所示。

图 3-74　A 立面图中的柱面

（1）先绘制出一个柱面，再将其复制到具体位置上去。

（2）单个柱面的绘制，建议以地坪线和柱的中心线作为基准，分别向上和向中线两层进行划分，用到的命令主要是"偏移";再用"修剪""倒角""打断"等命令进行处理。

3．茶室及过道入口立面图

（1）茶室入口立面图。为了体现茶文化的风格特征，茶室入口处用柳桉木作一个中式仿古造型的门洞，门洞两侧设竹制栏杆，让大厅里的宾客能看到茶室内的情景，如图3-76所示。

绘制要点：门洞部分注意借助辅助线定位；栏杆部分先绘制出一个单元，再阵列出其他部分，最后将不需要的部分去除。

（2）过道入口立面图。该过道通向楼梯间、电梯间、一层卫生间，采用黑金砂花岗石镶嵌门洞，如图3-77所示。

图 3-75　柱面细部　　　　图 3-76　茶室入口立面图　　　　图 3-77　过道入口立面图

绘制要点：单击"绘图"工具栏中的"多段线"按钮，绘制出倒"U"型的外框，然后单击"修改"工具栏中的"偏移"按钮，将外框向内偏移两次，最后进行图案填充。

4．墙面

墙面也是A立面图的重点。在墙面的中部，设计一个大酒店名称及欢迎词的标识，以提醒客人注意，并加深顾客对大酒店的印象。为了突出该部分，在其两侧分别设一个暖色调壁灯。其他部位根据柱面的竖向分割规律进行墙面划分。采用的装饰材料主要为黑金砂花岗石和米黄色花岗石，结果如图3-78所示。

图 3-78　墙面

（1）中间绘制出大酒店名称部分，采用辅助线定位。

（2）由柱面的分隔线水平引出墙面分隔线，将分隔线与柱面重叠处修剪掉。

（3）用"偏移"命令复制出其他水平线。

（4）用相关修改命令作局部修改调整。

5. 尺寸、文字及符号标注

（1）在该立面图中，应该标注出大堂各部分位置的相对尺寸等。具体操作如下。

① 将"尺寸"图层设为当前层。

② 单击"标注"工具栏中的"线型标注"按钮![按钮]，进行标注。

（2）在该立面图中，需要说明该立面各部分的材料及名称等。具体操作如下。

① 将"文字"图层设为当前层。

② 在命令行内输入"qleader"命令，对相应部分进行文字说明。

（3）对于符号标注，在这里主要使用插入块的方式。具体操作如下。

① 将"符号"图层设为当前层。

② 单击"绘图"工具栏中的"插入块"按钮![按钮]，找到相应的图块，然后将其插入到图中相应的位置。

③ 单击"绘图"工具栏中的"分解"按钮![按钮]，将该符号分解，然后根据需要进行编辑。

④ 对 A 立面图进行文字、尺寸及符号标注，结果如图 3-72 所示。

3.4.3 B 立面图绘制

B 立面图是主入口处的室内墙面，需要表达的内容有柱面、大门立面、墙面、玻璃窗、电话亭及其相互关系等。

（光盘：动画演示\第 3 章\B 立面图绘制.avi）

3.4.3 B 立面图绘制

1. 柱面

该柱面的装饰与 A 立面图相同，绘制方法一致，将它复制到 B 立面图即可，如图 3-79 所示。

图 3-79 B 立面图中的柱面

2. 大门立面图

该大门形式为两道双开不锈钢玻璃弹簧门，门框采用黑金砂花岗石板装饰，如图 3-80 所示。

图 3-80 大门立面图

（1）由平面引出门洞位置控制线，单击"绘图"工具栏中的"多段线"按钮 ，绘制出内门框线，然后偏移出外门框线，偏移距离为 300mm。最后对门框进行图案填充。

（2）事先设计好门的尺寸，首先绘制出一扇门，然后两次单击"修改"工具栏中的"镜像"按钮 ，完成门的绘制，结果如图 3-81 所示。

图 3-81　大门绘制示意图

（3）在玻璃上加斜线。

3．电话亭立面图

电话亭立面图如图 3-82 所示。

图 3-82　电话亭立面图

（1）根据图中尺寸绘制出单个电话亭的图案。

（2）绘制出电话机的图案。

（3）单击"修改"工具栏中的"复制"按钮 或"镜像"按钮 ，完成电话亭立面图的绘制。

4．窗及墙立面图

该墙面上大部分面积为铝合金窗，给大厅带来大面积采光。立面玻璃窗的绘制可以参照建筑施工图并结合现场了解的情况绘制。剩下的墙面绘制方法同 A 立面图，如图 3-83 所示。

绘制要点：确定好窗的尺寸，单击"绘图"工具栏中的"直线"按钮 和"修改"工具栏中的"偏移"按钮 、"复制"按钮 完成窗立面图的绘制。墙面的绘制为 A 立面图上复制过来修改即可。

图 3-83　墙、窗立面图

5．尺寸、文字及符号标注

对 B 立面图进行尺寸、文字及符号标注，步骤可以参考前面的介绍，结果如图 3-84 所示。至此，完成大堂 B 立面图的绘制。

图 3-84　B 立面图

3.4.4　C 立面图绘制

C 立面图反映总台设计情况，其中包括柱立面图、服务台立面图、墙立面图等内容。

1．柱立面图

（光盘：动画演示\第 3 章\C 立面图绘制.avi）

该柱面装饰与 A 立面图相同，绘制方法也一样，将它复制到 C 立面图即可，如图 3-85 所示。

3.4.4　C 立面图绘制

图 3-85　C 立面图中的柱立面图

2．服务台立面图

服务台高 1100mm，台面为大理石板装饰，立面为黑金砂花岗石和软包相间装饰，如图 3-86 所示。为了便于理解服务台的绘制，先给出它的剖面图，如图 3-87 所示。

（1）单击"绘图"工具栏中的"直线"按钮 ，绘制出服务台的轮廓。

（2）单击"修改"工具栏中的"偏移"按钮 ，由台面线向下复制出大理石台面线脚、装饰木条线、踢脚线，偏移距离参照图 3-88 所示。

（3）绘制出立面花岗石装饰块，如图 3-86 所示的大样图，然后单击"修改"工具栏中的"复制"按钮 ，将其复制到相应位置上去。

（4）将与花岗石装饰块重复的装饰线修剪掉。

（5）绘制射灯。

图 3-86　服务台立面图

3. 墙立面图

服务台后的墙面采用木龙骨基础胡桃木贴面和米黄色石材相间装饰，墙面顶部 500mm 高处为木龙骨基础胡桃木贴面的横向装饰；墙面装饰层上挂时钟，反映全球主要城市的时间，结果如图 3-88 所示。

图 3-87　服务台剖面图

图 3-88　墙立面图

（1）单击"绘图"工具栏中的"直线"按钮 ✐ 和"修改"工具栏中的"偏移"按钮 ⬜，绘制上部横向胡桃木贴面装饰。

（2）绘制中部的装饰分隔线。

（3）绘制钟表，并将其复制到其他位置上。

（4）从服务台处复制方块装饰图案到墙立面图上，并将其布置好。

（5）从服务台处复制射灯图案到墙立面图上，并将其布置好。

（6）单击"绘图"工具栏中的"多段线"按钮 ⬡ 和"修改"工具栏中的"偏移"按钮 ⬜，绘制休息室门的立面图。

4. 尺寸、文字及符号标注

对 C 立面图进行尺寸、文字及符号标注，步骤可以参考前面的介绍，结果如图 3-89 所示，完成大堂 C 立面图的绘制。

1：75

图 3-89　C 立面图

3.5 大堂室内顶棚图绘制

顶棚图的绘制是初学者容易忽略的问题，因而比较生疏。本节介绍大堂顶棚图，如图 3-90 所示。

大堂顶棚图相对比较复杂，主要体现在顶棚造型和灯光设计上。为了适应这个特点，本节的讲解将比较细致。

图 3-90　大堂顶棚图

（光盘：动画演示\第 3 章\大堂室内顶棚图绘制.avi）

3.5.1 对建筑平面图进行整理

顶棚图以顶棚下部被水平剖切到的墙柱截面作为边界。对建筑平面图进行整理，操作步骤如下。

3.5 大堂室内顶棚图绘制

（1）打开前面绘制好的大堂室内平面图，将图形另存为"大堂室内顶棚图"。

（2）将"墙体"图层设为当前层。然后，将其中的轴线、尺寸、门窗、绿化、文字、符号等内容删去。

（3）将墙体的洞口处补全，将前面绘制好的大堂部分建筑平面图进行整理，结果如图 3-91 所示。

图 3-91　整理后的大堂平面图

3.5.2 顶棚造型的绘制

本例顶棚采用轻钢龙骨石膏板造型，如图 3-92 所示，在设计时考虑以下几个方面的因素。

- 顶棚造型与室内不同功能区对应而有变化。
- 突出门厅部位的中心位置。
- 兼顾到休息区、总台部位的空间效果要求。
- 注意墙、柱与顶棚边界的搭接、过渡处理。
- 结合人工照明设计使顶棚增色。
- 体现大气时尚、庄重典雅的特征。

图 3-92　顶棚造型

以门厅上部的顶棚绘制为例介绍顶棚的绘制方法。门厅上部的顶棚标高 3.6m，水平尺寸为 7600mm×6200mm，它位于大门中心线上，与外墙内边缘距离为 2500mm。先根据这个条件作出辅助线，如图 3-93 所示。

辅助线绘制的方法为：以两根柱子相邻的两个角点为端点绘出直线 1；捕捉直线 1 的中点绘出直线 2；由直线 1 偏移 2500 mm 绘出直线 3；由直线 3 偏移 7600 mm 绘出直线 4；由直线 2 分别向左和向右偏移 3100 mm 绘出直线 5 和直线 6。这样，就可以用"矩形"命令和"偏移"命令绘出顶棚的轮廓及反光灯带（内圈），如图 3-94 所示。

图 3-93　门厅顶棚绘制辅助线

图 3-94　绘制出顶棚轮廓

　　至于灯槽，单击"绘图"工具栏中的"矩形"按钮□，绘制一个 4500mm×400mm 的矩形，向内偏移 50 mm 表示其厚度，即得到灯槽图样。为了便于灯槽定位，在灯槽上绘制出交叉的中心线。将第一个灯槽移动到如图 3-95 所示中的位置 1，再由灯槽 1 向上复制出灯槽 2；单击"镜像"命令将灯槽 1 和灯槽 2 选中，捕捉反光灯带横向的两个中点确定镜像线，从而得到上面的灯槽 3 和灯槽 4。

　　总之，对于顶棚构成元素的绘制，不存在太大困难，关键是从一些简单的命令中寻找解决途径。为节约篇幅，其他部位顶棚的画法不一一讲述。

图 3-95　灯槽布置

3.5.3　灯具布置

　　本例中的灯具包括中央艺术吊灯、反光灯带、发光顶棚、筒灯、吸顶灯、冷光灯等，灯具图例如图 3-96 所示。虽然灯具较多，但是有规律可循。门厅上部中央设一个艺术吊灯，顶棚周围为一圈内藏的荧光灯反光带，其他部分布置长条形灯槽；休息区顶部设置一片发光顶棚；总台前上方布置一圈反光灯带，中间部分设置灯槽。除这些部位以外，有规律地布置一些装饰筒灯，如图 3-97 所示。

图 3-96　灯具图例说明

图 3-97　灯具布置

本例顶棚图中的灯具布置比较简单，故简单介绍其操作步骤。

（1）找出灯具布置的规律，找出它与周边墙体、构件的关系，借助辅助线初始定位。

（2）重复出现的灯具或灯具组，单击"修改"工具栏中的"复制"按钮 📋 和"阵列"按钮 🔠，进行快速布置。

（3）建议可先把常用的灯具图例制作成图块，以供调用。在插入灯具图块之前，可以在顶棚图上绘制定位的辅助线，这样灯具能够准确定位，对后面的尺寸标注也很有利。

（4）根据灯具布置的设计思想，将各种灯具图块插入到顶棚图上。

灯具的选择与布置需要综合考虑室内美学效果、室内光环境和绿色环保、节能等方面的因素。

（5）绘制柱边的装饰线。

① 单击"绘图"工具栏中的"矩形"按钮 ▭，沿柱截面周边画一圈，如图 3-98（a）所示，图中显示的是多段线被选中的状态。

② 单击"修改"工具栏中的"偏移"按钮 ⟳，将多段线向外偏移两次，偏移距离均为 100mm，结果如图 3-98（b）所示，这就是边柱处装饰线。

③ 由外圈向外偏移 200mm，得到如图 3-98（c）所示的图案，这是中柱处的装饰线。

④ 将它们复制到对应的位置上，对于不需要的部分，用"修剪"命令修剪处理。

（a）　　　　　　　　（b）　　　　　　　　（c）

图 3-98　柱边装饰线的绘制

在灯具布置完毕后，灯具周围的多余线条即为辅助线，应把它们删掉，以保持较好的观测效果。

3.5.4　尺寸、文字及符号标注

1. 尺寸标注

顶棚图中尺寸标注的重点是顶棚的平面尺寸、各装置的水平安装位置及其他一些顶棚装饰做法的水平尺寸。

（1）单击"标准"工具栏中的"放大"按钮 ⊕，将顶棚图缩放至合适的大小。

（2）将"尺寸"图层设为当前层，这里的标注样式跟"大堂室内立面图"的标注样式相同，可以直接利用；为了便于识别和管理，也可以将"大堂室内立面图"的样式名改为"大堂顶棚图"，将它设为当前标注样式。

（3）单击"标注"工具栏中的"线型标注"按钮 ⊢⊣，进行标注，结果如图 3-99 所示。

2. 文字、符号标注

在顶棚图内，需要说明各顶棚材料名称、顶棚做法的相关说明、各部分的名称规格等；应注明顶棚标高，有大样图的还应注明索引符号等。

（1）将"文字"图层设为当前层。

（2）单击"绘图"工具栏中的"直线"按钮 ╱ 和"多行文字"按钮 Ａ，标注各部分的文字说明。如果某一部分的标注较多，在图上逐一标注显然烦琐，需要在图后做一个图例统一说明。

（3）插入标高符号，注明各部分标高。

（4）注明图名和比例。

图 3-99 标注尺寸后的大堂顶棚图

对顶棚图进行尺寸、文字及符号标注后，结果如图 3-100 所示。至此，完成大堂顶棚图的绘制。

图 3-100 大堂顶棚图

第4章

大酒店客房室内设计图绘制

■ 本章介绍大酒店客房部分的室内设计制图。

■ 客房是大酒店的重要组成部分，是宾客休息的场所。本例中的客房设有标准间和套间，标准间又有单床和双床之分。本章除了介绍客房标准层的总体布局以外，由于标准间和套间的室内设计基本相同，因此，重点以一个标准间为例介绍其平面图、立面图、顶剖图的绘制。

4.1 客房室内设计要点

4.1.1 客房的总体特征

客房是大酒店为客人提供生活、休息和完成简单工作业务的私密性空间，它是大酒店的主要组成部分。

客房除了保证私密性以外，还要具有舒适、亲切、安静、卫生等特点。这些也是体现大酒店档次的重要因素。

在大酒店中，为了给客人提供一个良好的生活环境，客房一般布置在相对安静并具有良好室外景观的位置上。当然，也要考虑到与其他公共区域（如餐厅、大堂、康乐保健等）的联系，便于客人获得大酒店服务。

4.1.2 客房的功能及种类

客房的主要功能是为客人提供睡眠、休息、洗浴的个人场所，其次是会客、谈话、简单饮食、整装打扮、简单业务处理及储藏等，其功能性布置如图 4-1 所示。

客房根据接待能力的不同分为单人间、双人间、标准间和套间。顾名思义，单人间设有一张单人床，双人间设有一张双人床，标准间设有两张单人床，套间是指在卧室、卫生间的基础上增加起居室、厨房、书房、餐厅等形成一套类似住宅的个人专用的空间。

4.1.3 家具陈设及布置

不同等级标准的客房，家具陈设的内容和档次会存在一些差异，但是对于一个一般的标准间，一般都设置有下列家具。

（1）卧室部分：床、床头集控柜、电视柜、电视机、书桌及椅子、桌前镜子、行李架、冰箱、安乐椅、茶几及落地灯等。

（2）卫生间部分：坐便器、梳妆台、台前镜子、洗脸盆、浴缸及淋浴喷头、浴帘等。

最常见的客房布置，一般在入口过道的一侧布置衣柜，另一侧为卫生间；床依入口斜对面的墙面布置，而行李架、书桌、电视柜等依床对面的墙体布置；安乐椅、茶几布置在靠窗一侧，如图 4-2 所示。

图 4-1　客房室内功能性布置分析图

图 4-2　标准间室内布置示意图

4.1.4　空间尺度要求

1．净高的规定

客房卧室部分在设置空调时，最小净高不应低于 2.4m；在不设置空调时，不应低于 2.6m。客房内卫生间、过道和客房公共走道的最小净高不应低于 2.1m。

2．门洞

客房入口门洞宽度不应小于 0.9m，高度不应小于 2.1m；卫生间门洞宽度不应小于 0.75m，高度不应小于 2.1m。

3．家具及布置尺度要求

家具及布置尺度可以根据具体工程情况查阅相关设计手册及规范。

4.1.5　室内装修特点

为了体现舒适温馨、美观宜人的效果，对较高级（例如三星级以上）的客房，地面要求满铺地毯或铺设木地板；墙面贴墙纸或涂刷浅色涂料，比如白色乳胶漆，色彩多以高明度、低纯度为主；至于顶棚，则根据层高的大小可采取顶棚或无顶棚两种方式，表面宜采用高明度的材料，给人一种轻快的感觉；家具、织物的色彩及材质宜淡雅、大方，要与室内整体色彩相协调；客房的过道地面材料常采用地毯，以减小脚步声、推车声等噪声对客房内的干扰。

4.1.6　室内物理环境

1．光环境设计

在白天，应尽量利用天然光，同时注意窗帘的遮阳作用。人工照明，分为整体照明和局部照明。整体照明可设置中央吸顶灯，但不少客房不设此灯，而多采用局部照明。局部照明包括床头摇臂壁灯、脚灯、书桌上的台灯、镜前灯、落地灯、入口过道处的顶灯和壁灯、卫生间内的顶灯和镜前灯等。

2．热工环境和声环境

客房内一般都要设置排风扇进行人工通风，在自然通风效果不好的房间，它显得更为重要。在选择装修材料和构造时，应考虑到其是否有助于室内保温、隔热及隔声、降噪等。

4.2　客房室内平面图绘制

在本节中，首先简单介绍客房标准层建筑平面图的绘制，然后介绍客房标准层室内平面的总体布局。在总体布局的基础上，依次介绍标准间、套间、会议室（本例中的会议室属于小型会议室，人流较少，容易疏散，对客房的干扰较小面积也较小，故放此介绍）等部分室内设计平面图的绘制，最后由这些局部的平面图组合成为标准层室内平面图，其中客房室内平面图如图 4-3 所示。

（光盘：动画演示\第 4 章\客房室内平面图绘制.avi）

4.2.1　建筑平面图的绘制

大酒店标准层建筑平面图不需要从头绘制，只要调出一层建筑平面图，对存在差异的地方进行修改、补充就可以了。

本例标准层与一层的柱网尺寸和中间部分的剪力墙结构是相同的，而填充墙体的分隔却是不同的，如图 4-4 所示。

4.2　客房室内平面图
绘制

图 4-3　客房室内平面图

图 4-4　标准层建筑平面图

（1）打开一层建筑平面图，将它另存为"标准层建筑平面图"。

（2）保留基本轴线网格、柱、剪力墙、电梯、楼梯等部分，将不需要的墙体、门窗、入口台阶等删除。

（3）查看标准层平面构成规律，补充新增墙体处的轴线。

（4）根据墙体的形状、尺寸沿轴线绘制出墙体，同时注意处理好新旧墙体的交接问题。

（5）注意新增加的内容应该绘制到对应的图层上，以便于后续绘图工作中对图层的管理。

4.2.2　标准层平面功能分析

为了把握大堂区域的功能布局，对客房标准层平面进行功能分析，结果如图 4-5 所示。从分析的过程中可以看出，该楼层室内设计的内容包括客房内部、会议室、楼层服务台、卫生间、储藏室、过道、电梯间和楼梯等，重点在于客房内部、会议室、公共交通部分等，这也是本章介绍的重点。

图 4-5　功能流线分析图

4.2.3　标准层平面总体布局

根据大酒店的总体规划，该标准层设置两个套间、两个双人间、14 个标准间、1 个小型会议室。此外，设 1 个楼层服务台及相关配套的休息室、卫生间、储藏室、开水间等，布局如图 4-6 所示。

4.2.4 标准间平面图绘制

以标准间为例讲解平面图的绘制。

1. 整理出建筑平面图

首先选择楼层服务台右侧的标准间为绘制的范例，如图 4-7 所示。为了形成一套单独的标准间图样，将其中一个标准间复制出来，后面的绘制工作在这个标准间进行。

2. 绘制布置辅助线

沿房间的纵墙内边画一条直线，由这条直线逐次向上偏移 1500mm、500mm，从而得到单人床定位的辅助线，如图 4-8 所示。命令行提示与操作如下。

```
命令：OFFSET
当前设置：删除源=否  图层=源  OFFSETGAPTYPE=0
指定偏移距离或 [通过(T)/删除(E)/图层(L)] <通过>：1500 ✓
选择要偏移的对象，或 [退出(E)/放弃(U)] <退出>：(选择图4-8中的虚线)
指定要偏移的那一侧上的点，或 [退出(E)/多个(M)/放弃(U)] <退出>：（单击虚线上侧任意一点）✓
选择要偏移的对象，或 [退出(E)/放弃(U)] <退出>：✓
命令：OFFSET
当前设置：删除源=否  图层=源  OFFSETGAPTYPE=0
指定偏移距离或 [通过(T)/删除(E)/图层(L)] <通过>：500 ✓
选择要偏移的对象，或 [退出(E)/放弃(U)] <退出>：(选择图4-8中的虚线)
指定要偏移的那一侧上的点，或 [退出(E)/多个(M)/放弃(U)] <退出>：（单击虚线上侧任意一点）✓
选择要偏移的对象，或 [退出(E)/放弃(U)] <退出>：✓
```

图 4-6　客房标准层总体布局示意图　　图 4-7　整理出建筑平面图　　图 4-8　单人床定位的辅助线

3. 插入单人床

从光盘图库中插入一个 2000mm×1000mm 的单人床平面图块，放置在图中合适的位置。单击"绘图"工具栏中的"插入块"按钮，如图 4-9 所示。打开"插入"对话框，单击上面的"浏览"按钮，如图 4-10 所示。打开"选择图形文件"窗口，按路径"源文件\图库\单人床.dwg"找到单人床图块文件，然后按"打开"按钮插入该图块。

图 4-9 "绘图"工具栏"插入块"按钮

图 4-10 单击"浏览"按钮选择图块文件

完成单人床的绘制，结果如图 4-11 所示。

4．布置第二个单人床和床头柜

以插入的第一个单人床为对象向上复制出第二个单人床，复制间距为 600mm。命令行提示与操作如下。

```
命令：COPY
选择对象：（选择插入的第一个单人床）
选择对象：✓
指定基点或[位移(D)] <位移>：
指定第二个点或 [阵列(A)/退出(E)/放弃(U)] <退出>：✓
```

第二个单人床绘制完毕，结果如图 4-12 所示。

图 4-11　第一个单人床定位   图 4-12　复制出的第二个单人床

单击"绘图"工具栏中的"矩形"按钮 □，在两床头之间绘制一个 400mm×600mm 的矩形作为床头集控柜，结果如图 4-13 所示。床头集控柜是指在床头柜上集中安装了各种照明灯和电视机的开关控制按钮，以方便使用者。

5．绘制床头摇臂壁灯

摇臂壁灯安装在墙面上，灯罩部分可以在 180° 水平面上转动，绘制出两个灯罩的平面即可。

（1）单击"绘图"工具栏中的"圆"按钮 ⊘，在合适的位置绘制一个半径为 128mm 的圆，将其向内偏移 34mm，得到一个灯的图案，结果如图 4-14 所示。

图 4-13　绘制的床头集控柜

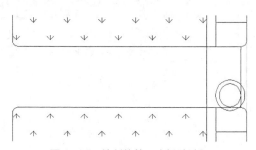

图 4-14　绘制的第一个摇臂壁灯

（2）单击"修改"工具栏中的"复制"按钮 🗐，在合适的位置复制出另一个摇臂壁灯，将它们布置在床头集控柜的上方，结果如图 4-15 所示。

6．插入卧室部分的其他图块

从图库中插入衣柜、行李架、书桌及电视柜、安乐椅及茶几、落地灯等，按照图 4-16 所示布置在房间内。插入图块时，如果需要，则对图块做局部修改。

图 4-15　复制的床头摇臂壁灯

图 4-16　插入卧室部分的其他图块

7．绘制窗帘和羊毛地毯

在窗前绘制一条直线，将线型设置为"ZIGZAG"，如图 4-17 所示。线性管理中的比例因子设置如图 4-18 所示。

图 4-17　绘制窗帘

图 4-18　比例因子设置

8．标注尺寸

在该标准间平面图中，主要是标注标准间的整体尺寸以及平面图中各设施的相对布置尺寸。

单击"标注"工具栏中的"线型标注"按钮├─┤，进行标注，结果如图 4-19 所示。

9．标注文字说明

在该标准间平面图中，还需要对客厅地毯的铺设以及卫生间地砖的规格等情况标注文字说明。

单击"绘图"工具栏中的"多行文字"按钮 **A** 和"直线"按钮／，首先标注卫生间地砖，并完成文字说明，然后标注客厅地毯，结果如图 4-20 所示。

图 4-19　标注尺寸后的图形

图 4-20　标注文字后的图形

10．标注标高

事先将标高符号及上面的标高值一起做成图块，存放在"源文件：\图库"文件夹中。标高已放在新建文件夹中。在源文件中新建一个"图库"文件夹，将"标高"图块放在"图库"文件夹中。

（1）单击"绘图"工具栏中的"插入块"按钮，将标高符号插入到图 4-21 所示位置。

（2）单击"修改"工具栏中的"分解"按钮，将刚插入的标高符号分解。

（3）将这个标高符号复制到卫生间合适的位置处，然后用鼠标双击数字，把标高值修改正确，结果如图 4-22 所示。

图 4-21　插入标高符号的图形

图 4-22　修改标高符号后的图形

11．插入其他符号

在该标准间平面图中，主要是插入立面内视符号，为节约篇幅，事先已经将它们做成图块，存于附带光盘内，存放在"源文件\图库"文件夹中。具体操作如下。

绘制内视符号，单击"修改"工具栏中的"旋转"按钮○纠正；若标号不符，则将图块分解，然后对文字进行编辑。

至此，标准间平面图中的尺寸、文字、符号都已标注出来，结果如图 4-23 所示。

12．线型设置

平面图中的线型可以分作 4 个等级：粗实线、中实线、细实线、装饰线。粗实线用于墙柱的剖切轮廓；中实线用于装饰材料、家的剖切轮廓；细实线用于家具陈设轮廓；装饰线用于尺寸、图例、符号、材料纹理和装饰品线等。

本例的具体线宽值采用 0.6mm、0.35mm、0.25mm、0.18mm 四个等级。

4.2.5　其他客房平面图

1．双人床间

只需将图 4-23 中的两个单人床换作一张 2000mm×1500mm 的双人床，两侧布置 400mm×400mm 的床头柜即可，其他室内布置不变，如图 4-24 所示。

图 4-23　标注尺寸、文字、符号

图 4-24　双人床间平面图

（1）单击"修改"工具栏中的"复制"按钮，将标准间的室内平面图复制到双人床间内。复制时注意选择好起始捕捉的基点，这个基点在双人床间内也应有对应的点利于捕捉，这样可以提高复制的效率。本例中，可以选择衣柜靠墙的角点作为复制的基点，拖动到双人床间时，也可选择相同的角点作为终点。

（2）如果标准间和双人间的方向不一致，比如说，一个横向，一个纵向，那么，首先将复制内容放到旁边的空白处，如图4-25所示，然后将它旋转以后再移动到双人床间内。

（3）从图4-25中可以看到，标准间的布置复制到双人床间以后，不能完全吻合，此时，单击"修改"工具栏中的"移动"按钮，进行逐个调整。应用"移动"命令时，应注意选择好移动的基点和终点。

图 4-25　复制过程

（4）单击"修改"工具栏中的"删除"按钮，将两个单人床删除，保留摇臂壁灯图案。从图库中插入一个双人床，并调整好位置。

（5）绘制一个 400mm×400mm 的矩形作为床头柜，将摇臂壁灯图案移动到床头柜上面。就位后单击"修改"工具栏中的"镜像"按钮，复制出另一个床头柜和摇臂壁灯。

2．套间

本例套间与标准间不同的是它增加了一个起居室，在起居室内布置了一套沙发、一组电视柜、书桌、行李架。卧室部分除了没有行李架外，其他部分与标准间相同。本层共有两个套间，以其中一个作为讲解范例，另一个虽然平面形状不同，但是基本家具布置是一样的。

（1）提取其中一个套间平面图，如图4-26所示。

（2）从标准间平面图中复制床、床头柜、电视柜、安乐椅、茶几、落地灯等图块到套间平面图中，局部做调整，完成卧室、卫生间的布置，结果如图4-27所示。

（3）从图库中插入客厅的沙发、茶几等家具，从标准间平面图中复制衣柜、行李架、电视柜、落地灯等图块到套间起居室，局部做调整，完成起居室的布置，结果如图4-28所示。

图 4-26　提取套间平面图

图 4-27　布置卧室、卫生间平面图

图 4-28　套间平面图

套间的室内装修材料及做法与标准间相同，标注内容在此不赘述。

3．小会议室

大中型会议室不宜设置在客房楼层内，但是本例中的会议室属于小型会议室，人流较少，容易疏散，对客房的干扰较小，面积也较小，故可设置在客房楼层内，如图 4-29 所示。

图 4-29　会议室位置及流线

沿小会议室周边布置一圈沙发座椅，四角布置绿化盆景，地面满铺羊毛地毯。

（1）提取会议室平面图，从光盘图库中找到会议室的沙发图样及盆景图块，布置在会议室中，同时绘制出茶几图样。

（2）绘制地面材料。会议室地面满铺羊毛地毯，单击"绘图"工具栏中的"图案填充"按钮，填充"AR-SAND"图案，注意调整填充比例，以便正确显示，结果如图4-30所示。

（3）标注尺寸、文字及符号，结果如图4-31所示。

图4-30　布置沙发茶几与绘制地面材料

图4-31　会议室平面图

4.2.6　形成客房标准层平面图

将各种客房和小会议室的平面图内容组合到标准层平面图中，形成客房标准层平面图，如图4-32所示。

图4-32　客房标准层平面图

在布置的过程中，注意以下几点。

（1）对于平面结构相似的客房，采用"镜像"命令复制，如图 4-33 所示。单击"修改"工具栏中的"镜像"按钮 ⚠，将客房内家具陈设等布置全部选中，以房间隔墙的中线为镜像线，复制到另一边。

不方便捕捉镜像线的地方，要预先绘制辅助线。在利用镜像命令时，要善于观察图形构成规律，以便简便快捷地完成。

（2）在不能利用镜像命令的地方，可单击"修改"工具栏中的"复制"按钮 ⚙。

（3）在弧形平面一侧的客房，进深较大，将标准间布置复制过去后，应做适当的调整。在向其他同类房间复制时要注意角度的旋转。

图 4-33 利用"镜像"命令布置平面

4.3 客房室内立面图绘制

在本节中，依次介绍客房中主要立面图的绘制。虽然客房立面图绘制的整体思路与前文所述没有太大的改变，但是读者可以通过本章的学习，了解更多的绘图知识和相关客房立面图知识。

4.3.1 立面图①的绘制

该立面图采用剖立面图的方式绘制。

（光盘：动画演示\第 4 章\立面图①的绘制.avi）

4.3.1 立面图①的
绘制

1. 绘制建筑剖面

借助平面图为立面图提供水平方向的尺寸。

（1）绘出地坪线，然后绘制出 100mm 厚的楼板剖切轮廓，室内净高为 2900mm。

（2）由平面图向上绘制墙的轮廓线，结合门窗竖向尺寸绘出建筑剖面，结果如图 4-34 所示。

2. 绘制墙面装饰线

（1）由地坪线向上复制出墙面装饰线，单击"修改"工具栏中的"偏移"按钮 ⚙，由地坪线向上依次以 88mm、6mm、2250mm、50mm、300mm 为偏移间距复制出多条直线，结果如图 4-35 所示。

（2）单击"修改"工具栏中的"修剪"按钮 ⚙，将不需要的端头修剪掉，结果如图 4-36 所示。

图 4-34　绘制建筑剖面

图 4-35　偏移后的墙面装饰线

图 4-36　绘制墙面装饰线

3．插入家具立面图样

（1）插入电视柜、写字台、行李架立面图样。先由平面图引出写字台的控制线，然后从图库将图 4-37 所示图样插入到立面图中，并适当调整位置，结果如图 4-38 所示。

（2）插入衣柜立面图样。从图库中将图 4-39 所示图样插入到立面图中，结果如图 4-40 所示。

图 4-37　电视柜、写字台、行李架立面图样

图 4-38　插入电视柜、写字台、行李架立面图样

图 4-39　衣柜立面图样

图 4-40　插入衣柜立面图样

（3）单击"修改"工具栏中的"修剪"按钮，将被家具立面覆盖的墙面装饰线修剪掉，结果如图 4-41 所示。

图 4-41　修剪后的衣柜立面

（4）插入窗帘剖面图。本例采用的窗帘剖面如图 4-42 所示，将它插入到靠窗一侧，结果如图 4-43 所示。

4．插座布置

（1）在立面图上绘出插入插座位置的定位辅助线。

（2）从图库中插入插座图样。

（3）将辅助线删除。

插入插座后的立面图如图 4-44 所示。

图 4-42　窗帘剖面　　　　图 4-43　插入窗帘剖面　　　　图 4-44　插入插座

5. 标注尺寸

在该立面图中，应该标注出客房室内净高、顶棚高度、电视柜、写字台、行李架、镜子及各陈设的相对位置尺寸等。

单击"标注"工具栏中的"线性"按钮┞┤，进行标注，结果如图 4-45 所示。

图 4-45　标注尺寸

6. 标注文字说明

在该立面图中，需要说明客房室内各部分设施的名称以及家具、衣柜的饰面等。

单击"绘图"工具栏中的"多行文字"按钮 **A** 和"直线"按钮 ╱，完成各部分标注文字说明，结果如图 4-46 所示。

图 4-46　标注文字后的立面图

7．标注标高

事先将标高符号及上面的标高值一起做成图块，存放在"源文件：\图库"文件夹中。标高已放在新建文件夹中。在源文件中新建一个"图库"文件夹，将"标高"图块放在"图库"文件夹中。

（1）单击"绘图"工具栏中的"插入块"按钮，将标高符号插入到图中合适的位置。

（2）单击"绘图"工具栏中的"分解"按钮，将刚插入的标高符号分解。

（3）将这个标高符号复制到其他两个尺寸界线端点处，然后鼠标左键双击数字，把标高值修改为需要的数值。

对立面图①进行尺寸、文字及标高符号标注后的结果如图 4-47 所示。这样，基本完成客房立面图①的绘制。

图 4-47　立面图①

4.3.2　立面图②的绘制

立面图②的绘制与立面图①类似，下面简单介绍它的绘制过程。

（光盘：动画演示\第 4 章\立面图②的绘制.avi）

1．绘制建筑剖面

借助平面图为立面图提供水平方向的尺寸。

（1）绘出地坪线，然后绘制出 100mm 厚的楼板剖切轮廓，室内净高为 2900mm。

4.3.2　立面图②的绘制

（2）由平面图向上绘制墙、门洞立面的辅助线，结合门窗竖向尺寸绘出墙体剖面，结果如图 4-48 所示。

图 4-48　绘制建筑剖面

2．绘制墙面装饰线

由地坪线向上复制出墙面装饰线，复制间距依次为 88mm、6mm、2250mm、50mm、300mm，然后将不需要的端头修剪掉，结果如图 4-49 所示。

图 4-49　绘制墙面装饰线

3．插入家具立面图样

（1）插入单人床和床头柜立面图样。先由平面图引出两张单人床和床头柜的中心线，如图 4-50 所示。从图库分别将单人床立面图样和床头柜立面图样插入到立面图中，借助其中心线定位，结果如图 4-51 所示。

图 4-50　单人床和床头柜的中心线

图 4-51　插入单人床、床头柜立面图样

（2）插入摇臂壁灯和床头装饰画立面图样。分别在标高为 1.0m 和 1.7m 的位置上画一条水平辅助线，从图库将摇臂壁灯和床头装饰画立面图样插入到立面图中，借助辅助线定位，结果如图 4-52 所示。最后将被覆盖的装饰线删除。

图 4-52　插入摇臂壁灯和床头装饰画立面图样

（3）插入卫生间门立面图样。将光盘中的卫生间门立面图样插入到图 4-52 中相应的位置，结果如图 4-53 所示。

（4）插入窗帘图样和安乐椅立面图样。将光盘图库中的窗帘图样插入到靠窗一侧，注意翻转图样；将安乐椅立面图样插入到窗前空白位置，结果如图 4-54 所示。定位后，将不可见的图线修剪掉。

图 4-53　插入卫生间门立面图样

图 4-54　插入窗帘和安乐椅图样

4．开关器、电源插座布置

本立面图中一共有 5 个开关和电源插座，其图样如图 4-55 所示。

（1）　　　　　　　　（2）　　　　（3）　　　　（4）

图 4-55　开关、电源插座图样

（1）根据它们的安装位置画出各自的定位辅助线，如图 4-56 所示。

图 4-56　绘制辅助线确定插入点

（2）从图库中依次插入这些图样，注意将它们调整到合适的位置，结果如图4-57所示。

图 4-57　开关、电源插座布置

5. 尺寸、文字及符号标注

对立面图②进行尺寸、文字及符号标注，具体操作可以参考前面相应的介绍，结果如图4-58所示。至此，基本完成客房立面图②的绘制。

②立面图

图 4-58　立面图②

6. 线型设置

立面图中的线型可以分作 4 个等级：粗实线、中实线、细实线、装饰线。粗实线用于墙柱的剖切轮廓；中实线用于装饰材料、家具的剖切轮廓；细实线用于家具陈设轮廓；装饰线用于尺寸、图例、符号、材料纹理和装饰品线等。

本例的具体线宽值采用 0.6mm、0.35mm、0.25mm、0.18mm 四个等级。

4.3.3　卫生间立面图

卫生间立面图③、④、⑤、⑥的绘制方法与前面介绍的立面图①、②的绘制方法类似，在此不赘述。下面给出卫生间的立面图③、④、⑤、⑥，供读者参考，如图4-59～图4-62所示。需要注意以下两点。

图 4-59　立面图③

图 4-60　立面图④

图 4-61　立面图⑤

图 4-62　立面图⑥

（1）卫生间图样比较琐碎，所以绘制时要耐心仔细，不可粗枝大叶。

（2）绘制出一个立面图后，在绘制下一个立面图时可以利用这个立面图进行编辑修改，但必须保留原图，将它复制出来再修改。当然，这也要视具体情况来定，如果修改复杂，则需绘制出新的立面图。

4.3.4　公共走道立面图绘制

在本例中对公共走道部分需绘制两个立面图，分别表示走道的两侧墙面，在客房标准层平面图中已标示了它们的内视符号。其中立面图⑪表示的是弧形墙面，所以用展开立面图的绘制方法完成；立面图⑫表示的是直线墙面。

（光盘：动画演示\第 4 章\公共走道立面图绘制.avi）

1. 立面图⑪

立面图⑪为展开立面图，也就是想象将弧形墙体伸展平直以后的立面正投影图。在此立面图上，需要表示出墙面材料、客房门立面、壁灯、疏散标志等。由于墙面较长，故这里绘制④～⑥轴线这一段，其他部分做法相同。

4.3.4　公共走道
立面图绘制

（1）绘制出立面上下轮廓线。上轮廓线为顶棚底面，下轮廓线为地坪线，净高为
2.8m，故绘制间距为 2800mm 的两根平行直线，初步估计其长度为 18000mm，结果如图 4-63 所示。

（2）绘制出位于④轴线处的左边轮廓线，结果如图 4-64 所示。

图 4-63　11 立面上下轮廓线　　　　　　　图 4-64　11 立面左轮廓线

（3）为了测量下一步的偏移距离，因此，求出图 4-65 所示的 3 段圆弧的弧长。

图 4-65　需求弧长的 3 段圆弧

以圆弧 1 为例，为了得到弧线的弧长，用鼠标将弧线选中，按鼠标右键，打开一个快捷菜单，单击菜单中的"特性"条，如图 4-66 所示，进一步打开"特性"选项板，如图 4-67 所示。选项板中包含了该弧线一系列的特性信息，滑动鼠标在"弧长"一栏可以看到其弧长为 1318mm。采用此方法依次求得 2 段、3 段圆弧的弧长为 60mm、4728mm。

图 4-66　快捷菜单

图 4-67　"特性"选项板

选中弧线以后，也可以单击"标准"工具栏中的"特性"按钮，如图 4-68 所示，打开"特性"选项板。还可以双击弧线直接打开"特性"选项板。

图 4-68　"标准"工具栏中的"特性"按钮

（4）多次单击"修改"工具栏中的"偏移"按钮，逐次以 659（1318 的 1/2）mm、900mm（门洞宽）、60mm、4728mm、659mm 为偏移距离由左轮廓线向右复制出多条平行线，结果如图 4-69 所示。

图 4-69　偏移竖向平行线

（5）从图库中插入客房门的立面图样，如图 4-70 所示，定位到门洞位置，注意门的开关方向，如图 4-71 所示。最后将门两侧的辅助线删除。

图 4-70　客房门立面　　　　　　　　图 4-71　插入后的客房门

（6）单击"修改"工具栏中的"镜像"按钮 ⚟，复制下一扇门。为了便于确定镜像线，首先在中间两条竖向平行线之间绘制一条水平线，单击"镜像"命令，将刚插入的门立面图样选中，捕捉辅助线的中点确定镜像线，从而复制出下一扇门，如图 4-72 所示。

图 4-72　镜像复制门立面

（7）绘制墙面装饰线。重复单击"修改"工具栏中的"偏移"按钮 ⚏，分别以 150mm、600mm、150mm 为偏移距离，向上复制出踢脚线、墙裙装饰线，然后将多余部分和与门立面图样重叠的部分修剪掉，结果如图 4-73 所示。

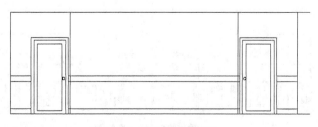

图 4-73　绘制墙面装饰线

（8）填充墙裙图案。单击"绘图"工具栏中的"图案填充"按钮，此时系统弹出图 4-74 所示的"图案填充创建"选项卡，根据图示进行设置。单击选项卡中的"添加：拾取点"按钮，然后单击墙裙中的任意一点，填充图形，结果如图 4-75 所示。

图 4-74 "图案填充创建"选项卡

图 4-75 填充墙裙图案

（9）单击"修改"工具栏中的"镜像"按钮，复制下一段立面图样，操作示意如图 4-76 所示，镜像结果如图 4-77 所示。

图 4-76 镜像操作

图 4-77 镜像结果

（10）在门之间墙面中部的位置插入艺术壁灯。首先绘制定位辅助线，然后插入艺术壁灯图块，如图 4-78 所示。

（11）在门边位置插入艺术壁灯开关控制器，在顶棚下边布置疏散标志，注意安全出口的方向，结果如图 4-79 所示。

图 4-78 插入壁灯

图 4-79　布置开关控制器和疏散标志

（12）在左轮廓线处绘制折断线，表示左端省略；在右轮廓线处绘制对称符号，表示⑥～⑧线与④～⑥轴线立面对称，结果如图 4-80 所示。

图 4-80　绘制折断线和对称符号

（13）对立面图⑪进行尺寸、文字及符号标注，具体操作可以参考前面相应的介绍，结果如图 4-81 所示。至此，基本完成公共走道立面图"⑪"的绘制。

（14）线型设置。立面图中的线型可以分作 4 个等级：粗实线、中实线、细实线、装饰线。粗实线用于墙柱的剖切轮廓；中实线用于装饰材料、家具的剖切轮廓；细实线用于家具陈设轮廓；装饰线用于尺寸、图例、符号、材料纹理和装饰品线等。

本例的具体线宽值采用 0.6mm、0.35mm、0.25mm、0.18mm 4 个等级。

图 4-81　展开的立面图⑪

2．立面图⑫

立面图⑫不是展开立面图，表达的是平直墙面，其立面内容与立面图⑪基本相同，下面给出绘制完成后的立面图⑫，如图 4-82 所示。

图 4-82　立面图⑫

4.3.5　客房会议室立面绘制

4.3.5　客房会议室
立面图绘制

客房会议室立面包含⑦～⑩ 4 个立面，采用剖立面的方式绘制。

（光盘：动画演示\第 4 章\会议室立面图绘制.avi）

1. 立面图⑦

（1）绘制建筑剖面。借助平面图提供水平方向的尺寸，结合竖向尺寸绘出建筑剖面图，如图 4-83 所示。

图 4-83　绘制建筑剖面

（2）绘制顶棚剖切轮廓。首先单击"修改"工具栏中的"复制"按钮，由地坪线向上复制出定位辅助线，复制间距依次为 2700mm、200mm，结果如图 4-84 所示。然后，以图 4-84 所示中的 A 点为起点绘制一个 2900mm×50mm 的矩形（输入相对坐标"@2900，50"），以 B 点为起点绘制一个 3500mm×50mm 的矩形（输入相对坐标"@-3500，50"），结果如图 4-85 所示。

图 4-84　绘制顶棚定位辅助线　　　　　图 4-85　绘制顶棚剖切轮廓

选择菜单栏中的"绘图"→"多线"命令,将多线参数按照如下所示进行设置,命令行提示与操作如下。

命令:MLINE
当前设置:对正 = 上,比例 = 1.00,样式 = STANDARD
指定起点或 [对正(J)/比例(S)/样式(ST)]:J✓
输入对正类型 [上(T)/无(Z)/下(B)] <上>:Z✓
当前设置:对正 = 无,比例 = 1.00,样式 = STANDARD
指定起点或 [对正(J)/比例(S)/样式(ST)]:S ✓
输入多线比例 <1.00>:20 ✓
当前设置:对正 = 无,比例 = 20.00,样式 = STANDARD
指定起点或 [对正(J)/比例(S)/样式(ST)]:

接着,单击"绘图"工具栏中的"直线"按钮 ,在楼板底面和顶棚之间绘制龙骨图样,结果如图 4-86 所示。

图 4-86　绘制龙骨图样

最后,单击"修改"工具栏中的"删除"按钮 ,将辅助线删除,结果如图 4-87 所示。

图 4-87　删除辅助线后的龙骨图样

(3)绘制墙面装饰线。首先单击"修改"工具栏中的"偏移"按钮 ,由地坪线向上偏移 130mm 复制踢脚线,结果如图 4-88 所示。

然后,由踢脚线向上偏移 2270mm 复制出另一条装饰线,结果如图 4-89 所示。

图 4-88　复制踢脚线后的图形　　　　　图 4-89　复制装饰线后的图形

最后,单击"修改"工具栏中的"修剪"按钮 ,将辅助线删除,结果如图 4-90 所示。

(4)插入窗帘及门立面图样。首先,单击"绘图"工具栏中的"直线"按钮 ,由窗洞上边线的中点向上引直线交于装饰线，结果如图 4-91 所示。然后，单击"绘图"工具栏中的"插入块"按钮 🔲，从光盘图库中插入窗帘立面图样，接着插入门立面图样，结果如图 4-92 所示。

图 4-90   绘制墙面装饰线

图 4-91   绘制辅助线

最后，单击"修改"工具栏中的"修剪"按钮 ⟋，将重叠的图线修剪掉，结果如图 4-93 所示。

图 4-92   插入窗帘和门立面图样

图 4-93   修剪图线后的窗帘和门立面图样

（5）插入沙发立面图样。首先，从平面图向立面图引出沙发、茶几的中线，然后从图库中插入沙发图样，结果如图 4-94 所示。

（6）绘制茶几立面图。首先重复单击"修改"工具栏中的"偏移"按钮 🔲，按如图 4-95 所示的尺寸绘制出茶几立面图的底高线。然后，单击"绘图"工具栏中的"矩形"按钮 🔲，用矩形命令沿底高线绘制出茶几立面图，结果如图 4-96 所示。

图 4-94   插入沙发立面图样

图 4-95   绘制茶几立面的底高线

图 4-96   绘制茶几立面图

最后，单击"修改"工具栏中的"删除"按钮 ![button]，将不需要的线条删去，结果如图 4-97 所示。

图 4-97　删除辅助线后的图形

（7）插入植物立面图样。单击"绘图"工具栏中的"插入块"按钮 ![button]，从图库中插入植物立面图样，然后执行"修剪"命令对图形做相应的修改，结果如图 4-98 所示。

图 4-98　插入植物立面图样

（8）尺寸、文字及符号标注。对会议室立面图⑦进行尺寸、文字及符号标注，具体操作可以参考前面相应的介绍，结果如图 4-99 所示。至此，基本完成会议室立面图⑦的绘制。

图 4-99　会议室立面图⑦

（9）线型设置。立面图中的线型可以分作 4 个等级：粗实线、中实线、细实线、装饰线。粗实线用于墙柱的剖切轮廓；中实线用于装饰材料、家具的剖切轮廓；细实线用于家具陈设轮廓；装饰线用于尺寸、图例、符号、材料纹理和装饰品线等。

本例的具体线宽值采用 0.6mm、0.35mm、0.25mm、0.18mm 4 个等级。

2．其他立面图

立面图⑧～⑩如图 4-100～图 4-102 所示，它们的绘制方法与立面图⑦类似，可以参考前面相应的介绍，在此不赘述其画法。

图 4-100　立面图⑧

图 4-101　立面图⑨

图 4-102　立面图⑩

4.4 客房室内顶棚图绘制

本节将介绍整个客房楼层的顶棚图绘制，如图 4-103 所示。因为顶棚面积较大，首先依次介绍标准间、套间、会议室、公共走道的顶棚内容，然后组装成为客房标准层顶棚图。读者在整体上再次熟悉顶棚图绘制的同时，要着重注意针对具体情况的一些处理技巧。

图 4-103　客房标准层顶棚图

4.4.1 标准间顶棚图绘制

本例标准间卧室部分采用石膏板顶棚，顶棚底面标高为 2.700m；顶棚上不设整体照明，但安装烟感报警器。卫生间采用铝扣板顶棚，标高为 2.370m，上设一个筒灯、一个排风扇。过道部分采用轻钢龙骨石膏板顶棚，标高为 2.400m，上设一个筒灯（在实际中，过道部分有可能根据通风的需要设置回风口和送风口）。下面简述其绘制过程。

（光盘：动画演示\第 4 章\标准间顶棚图绘制.avi）

1．整理出建筑平面图

整理出标准间建筑平面图，因为衣柜顶面与顶棚平齐，所以将衣柜的轮廓也保留下来，结果如图 4-104 所示。

2．绘制顶棚造型

4.4.1　标准间
顶棚图绘制

（1）卧室：单击"绘图"工具栏中的"矩形"按钮 ▢，沿卧室（不包括过道）内墙线绘制一个矩形，如图 4-105 所示中被选中的矩形。单击"修改"工具栏中的"偏移"按钮 ⌖，将这个矩形向内偏移 50mm，得出石膏线脚，结果如图 4-106 所示。

（2）过道：首先单击"绘图"工具栏中的"多段线"按钮 ⌐⌐，沿过道内线（不包括衣柜）行走一圈，结果如图 4-107 所示。然后，单击"修改"工具栏中的"偏移"按钮 ⌖，将它向内偏移 50mm，得出顶部石膏装饰线，结果如图 4-108 所示。

图 4-104　建筑平面图　　　图 4-105　绘制的矩形　　　图 4-106　绘制石膏线脚

图 4-107　绘制多段线　　　　　　图 4-108　绘制过道顶部石膏装饰线

（3）卫生间：单击"绘图"工具栏中的"图案填充"按钮 ，此时系统弹出如图 4-109 所示的"图案填充创建"选项卡，按照图示进行设置后，将卫生间内填充如图 4-110 所示的图案，图案表示铝扣板顶棚。

图 4-109　"图案填充创建"选项卡

图 4-110　卫生间填充的图案

3. 顶棚灯具及设备布置

（1）卧室：首先单击"绘图"工具栏中的"直线"按钮 ，绘制烟感标志的辅助交叉线，结果如图 4-111 所示。然后，捕捉卧室石膏线的中点绘制出确定顶棚中心点的交叉辅助线，单击"绘图"工具栏中的"插入块"按钮 ，从图库中插入烟感标志，结果如图 4-112 所示。

图 4-111　绘制烟感标志辅助线

图 4-112　插入烟感标志

（2）过道、卫生间部分：首先单击"绘图"工具栏中的"直线"按钮✎，绘制过道、卫生间筒灯和排风扇位置的辅助线，结果如图 4-113 所示。然后借助辅助线，单击"绘图"工具栏中的"插入块"按钮✎，从图库中插入筒灯、排风扇符号标志，结果如图 4-114 所示。

图 4-113　绘制筒灯和排风扇辅助线

图 4-114　插入筒灯和排风扇符号标志

4．尺寸、文字及符号标注

对标准间顶棚进行尺寸、文字及符号标注，具体操作可以参考前面相应的介绍，结果如图 4-115 所示。至此，标准间顶棚图基本绘制完毕。

图 4-115　标准间顶棚图

5．线型设置

顶棚中的线型可以分作 4 个等级：粗实线、中实线、细实线、装饰线。粗实线用于墙柱的剖切轮廓；中实线用于装饰材料、家具的剖切轮廓；细实线用于家具陈设轮廓；装饰线用于尺寸、图例、符号、材料纹理和装饰品线等。

本例的具体线宽值采用 0.6mm、0.35mm、0.25mm、0.18mm 4 个等级。

4.4.2　套间顶棚图绘制

本例套间卧室、卫生间、入口部分顶棚图内容与标准间基本相同，在此不再重复介绍，重点介绍起居室部分。起居室周边做 600mm 宽顶棚，顶棚底面标高为 2.700m，内均布置筒灯；中部不作顶棚，标高为 2.900m，白色乳胶漆饰面，中央设吸顶灯一个。下面简述其绘制过程。

（光盘：动画演示\第 4 章\套间顶棚图绘制.avi）

1．整理出建筑平面图

整理出套间建筑平面图，如图 4-116 所示。由于只讲述起居室部分，所以插图中略去其他部分。为了方便下面的讲解，图中标注了 A、B、C 等字母。

4.4.2　套间顶棚图绘制

2．绘制顶棚造型

由于顶棚的轮廓与起居室的内轮廓相平行，而起居室内轮廓由直线和弧线组成，所以单击"修改"工具栏中的"多段线"按钮 沿室内周边进行描边时，操作就相对复杂。

单击"多段线"命令，捕捉图 4-116 中的 A 点作为起点，然后捕捉 B 点作为第二点，这时命令行提示与操作如下。

指定下一点或 [圆弧(A)/闭合(C)/半宽(H)/长度(L)/放弃(U)/宽度(W)]：A　（输入a选择圆弧）✓
指定圆弧的端点(按住 Ctrl 键以切换方向)或[角度(A)/圆心(CE)/闭合(CL)/方向(D)/半宽(H)/直线(L)/半径(R)/第二个点(S)/放弃(U)/宽度(W)]：S　✓
指定圆弧上的第二个点：（鼠标捕捉图4-117中弧线中部的C点）
指定圆弧的端点：（鼠标捕捉图4-116中弧线末端D点）
指定圆弧的端点(按住 Ctrl 键以切换方向)或[角度(A)/圆心(CE)/闭合(CL)/方向(D)/半宽(H)/直线(L)/半径(R)/第二个点(S)/放弃(U)/宽度(W)]：L　（输入L选择直线）✓
指定下一点或 [圆弧(A)/闭合(C)/半宽(H)/长度(L)/放弃(U)/宽度(W)]：（鼠标捕捉图4-116中弧线末端E点）
指定下一点或 [圆弧(A)/闭合(C)/半宽(H)/长度(L)/放弃(U)/宽度(W)]：A　（输入A选择圆弧）✓
指定圆弧的端点(按住 Ctrl 键以切换方向)或[角度(A)/圆心(CE)/闭合(CL)/方向(D)/半宽(H)/直线(L)/半径(R)/第二个点(S)/放弃(U)/宽度(W)]：S　（输入S选择3点确定一条弧线的方式）✓
指定圆弧上的第二个点：（鼠标捕捉图4-116中弧线中部的F点）
指定圆弧的端点：（鼠标捕捉图4-116中弧线中部的A点）✓
指定圆弧的端点(按住 Ctrl 键以切换方向)或[角度(A)/圆心(CE)/闭合(CL)/方向(D)/半宽(H)/直线(L)/半径(R)/第二个点(S)/放弃(U)/宽度(W)]：

这样就描出起居室的内轮廓线，然后单击"修改"工具栏中的"偏移"按钮 ，将它向内偏移 600mm，结果如图 4-117 所示。

3．顶棚灯具布置

（1）周边顶棚筒灯：首先由顶棚外轮廓线向内偏移 300mm 复制出它的平面中心线，然后单击"修改"工具栏中的"分解"按钮 ，将它分解成 4 段线条，如图 4-118 所示。

对于 2 段、4 段弧线上的筒灯，以它们的端点和中点作为插入点即可完成布置，如图 4-119 所示。

对于 1 段、3 段直线上的筒灯，首先用"特性" 功能查出直线 1 的长度为 5148mm；然后，由圆弧 4 向上偏移 3 次，偏移距离为 1287（5148 的 1/4）mm，获得直线 1 段、3 段上的筒灯定位点；最后，依次将筒灯布置到定位点上去，如图 4-120 所示。

图 4-116　建筑平面图　　　　　　图 4-117　绘制顶棚

图 4-118　顶棚中心线　　　　　　图 4-119　2 段、4 段弧线上的筒灯

（2）中央吸顶灯：借助辅助线将中央吸顶灯布置出来，最后把辅助线删除，结果如图 4-121 所示。

图 4-120　1 段、3 段直线上的筒灯　　　　图 4-121　完成顶棚图样绘制

4．尺寸、文字及符号标注

对套间顶棚图进行尺寸、文字及符号标注，具体操作可以参考前面相应的介绍，结果如图 4-122 所示。图中标注并不全面，可以根据客房标准层顶棚图整体需要来补充协调。至此，套间顶棚图基本绘制完毕。

图 4-122　尺寸、文字及符号标注

5．线型设置

顶棚中的线型可以分作 4 个等级：粗实线、中实线、细实线、装饰线。粗实线用于墙柱的剖切轮廓；中实线用于装饰材料、家具的剖切轮廓；细实线用于家具陈设轮廓；装饰线用于尺寸、图例、符号、材料纹理和装饰品线等。

本例的具体线宽值采用 0.6mm、0.35mm、0.25mm、0.18mm 4 个等级。

4.4.3　公共走道顶棚图绘制

本例公共走道做轻钢龙骨吸音石膏板顶棚，顶棚底面标高为 2.8m；顶棚面上按间距 1.8m 均匀布置筒灯。该顶棚图绘制的难点在于筒灯的布置。下面简述其绘制过程。

4.4.3　公共走道
顶棚图绘制

（光盘：动画演示\第 4 章\公共走道顶棚图绘制.avi）

1．整理出建筑平面图

整理出公共过道部分建筑平面图，如图 4-123 所示。

图 4-123　建筑平面图

2．绘制顶棚造型

整个公共走道做同一标高的轻钢龙骨石膏板顶棚，所以在平面上不需要再用线条表示它的造型。

3．顶棚灯具

本例中，在两条狭长走道的中心线上均匀布置筒灯，间距为1800mm；在走道的交接处由中心向四周均匀布置，行距、列距均为1.8m；在边角局部地方再做适当调整。

（1）绘制筒灯位置辅助线。单击"绘图"工具栏中的"圆弧"命令 ，以图4-123中的A、B、C这3点作一条弧线。再由这条弧线向内偏移840mm（走道净宽的一半），绘制出走道中心线1，如图4-124所示。

图4-124　绘制弧形走道中心线1

对于其他部分中心线的绘制，可以采用下面的方法完成。

① 确认当前处于正交绘图模式（用F8可以切换），如图4-125所示。

图4-125　状态栏"正交"模式

② 用垂线将走道的两内边连接起来，如图4-126所示中被选中的线段。

③ 单击"绘图"工具栏中的"构造线"按钮 ，捕捉其中一条线段的中点作为构造线的"指定点"，沿中线方向取一点作为"通过点"，回车确定，这样画出一条通过走道中线的射线，另外一条中心线也采用此方法绘制，分别为中心线2和中心线3，结果如图4-127所示。

图4-126　用垂线将走道的两内边连接　　图4-127　用"构造线"命令绘制中心线2、中心线3

（2）初步布置筒灯。单击"修改"工具栏中的"偏移 "按钮 ，将中心线2分别向左和向右偏移1800mm，复制出两条直线，插入一个筒灯到图4-128所示位置，称之为"初始筒灯"。

单击"修改"工具栏中的"矩形阵列"按钮 ，选中这个筒灯作为阵列对象，向左、向下布置筒灯，设置行数为8，列数为1，行之间距离为-1800mm，列之间距离为-1800mm，阵列结果如图4-129所示。

图 4-128　插入筒灯　　　　　　　　　　图 4-129　筒灯阵列结果

单击"修改"工具栏中的"矩形阵列"按钮 和"复制"按钮 ，将左下角的筒灯布置完成，局部布置间距做适当调整，结果如图 4-130 所示。

图 4-130　左下角筒灯布置

（3）布置弧形走道筒灯。

单击"修改"工具栏中的"路径阵列"按钮 ，选中"初始筒灯"作为阵列对象，进行路径阵列，具体操作为选择已经插入进来的筒灯为阵列对象，选择前面绘制的圆弧为阵列路径，结果如图 4-131 所示。这样，就初步得到弧形走道顶棚上间距为 1800mm 的筒灯布置。

图 4-131　路径阵列结果

（4）布置直线形走道筒灯。

① 单击"修改"工具栏中的"复制"按钮 ，复制一个筒灯到如图 4-132 所示箭头位置。

图 4-132　复制一个筒灯到箭头位置

② 重复操作复制多个筒灯图形，筒灯间间距为 1800mm，如图 4-133 所示。

图 4-133　路径阵列结果

③ 将右端角落筒灯调整布置如图 4-134 所示。

到此为止，走道顶棚上的照明布置基本结束。至于标注尺寸、文字、符号等内容，在组合客房标准层顶棚图时一并完成。

图 4-134　右端角落筒灯调整布置

4.4.4　客房会议室顶棚图绘制

本例会议室做了一个错层顶棚，中间以一条弧线分开，为轻钢龙骨吸声石膏板顶棚。较高一层底面标高为 2.9m，较低一层底面标高为 2.7m，其上相间均匀布置筒灯和灯槽，如图 4-135 所示。该顶棚图比较容易绘制，在此不再赘述。

图 4-135　客房会议室顶棚图

4.4.5　组合客房标准层顶棚图绘制

　　分别将标准间、套间、会议室、走道部分的顶棚图组合、布置在一起，形成客房标准层顶棚图，结果如图 4-136 所示。组合布置的思路与组合客房标准层平面图相似，读者可以参照前面相应的介绍。

图 4-136　客房标准层顶棚图

第5章

3ds Max 2016 基础

■ 3ds Max一直是装饰、装潢公司制作效果图的首选三维软件。这次升级为3ds Max 2016，虽然没有改变其基本的工作流程，但是添加了很多新功能，如建模、材质、动画、渲染这4个方面都有不同程度的改进。

5.1　3ds Max 2016 界面介绍

3ds Max 2016 是运行在 Windows 系统之下的三维动画制作软件，具有一般窗口式软件的特征，即窗口式的操作接口。3ds Max 2016 的操作界面如图 5-1 所示。

图 5-1　3ds Max 2016 的操作界面

5.1.1　菜单栏

3ds Max 2016 采用了标准的下拉菜单，具体介绍如下。

- ：该菜单包含用于管理文件的命令。
- "编辑"菜单：用于选择和编辑对象。主要包括对操作步骤的撤销、临时保存、删除、复制和全选、反选等命令。
- "工具"菜单：提供了较为高级的对象变换和管理工具，如镜像、对齐等。
- "组"菜单：用于对象成组，包括成组、分离、加入等命令。
- "视图"菜单：包含了对视图工作区的操作命令。
- "创建"菜单：用于创建二维图形、标准几何体、扩展几何体、灯光等。
- "修改器"菜单：用于修改造型或接口元素等设置。按照选择编辑、曲线编辑、网格编辑等类别，提供全部内置的修改器。
- "动画"菜单：用于设置动画，包含各种动画控制器、IK 设置、创建预览、观看预览等命令。
- "图形编辑器"菜单：包含 3ds Max 2016 中以图形的方式形象地展示与操作场景中各元素相关的各种编辑器。
- "渲染"菜单：包含与渲染相关的工具和控制器。
- "自定义"菜单：可以自定义改变用户界面，包含与其有关的所有命令。
- "脚本（S）"菜单：MAXScript 是 3ds Max 2016 内置的脚本语言。该菜单可以进行各种与 Max 对象相关的编程工作，提高工作效率。
- "帮助"菜单：为用户提供各种相关的帮助。

5.1.2　工具栏

默认情况下，3ds Max 2016 中只显示主工具栏。主工具栏工具图标按钮包括选择类工具图标、选择与操作类图标、选择及锁定工具图标、坐标类工具图标、着色类工具图标、连接关系类工具图标和其他一些如帮助、对齐、数组复制等工具图标。当前选中的工具按钮呈黄底显示。要打开其他的工具栏可以在工具栏上右击，在弹出的快捷菜单中选择或配置要显示的工具项和标签工具条，如图 5-2 所示。

图 5-2　配置菜单

1. 选择类按钮

（1）"选择对象"按钮：单击该按钮时呈现亮黄色，在任意一个视图内，鼠标变成一白色十字游标。单击要选择的物体即可选中它。

（2）"按名称选择"按钮：该按钮的功能允许使用者按照场景中对象的名称选择物体。

（3）"矩形选择区域"按钮：单击该按钮时按住鼠标左键不动，会弹出 4 个选取方式，矩形选择就是其中之一，下面介绍另外 3 个选取方式。

- "圆形选择区域"按钮：用它在视图中拉出的选择区域为一个圆。
- "围栏选择区域"按钮：在视图中，用鼠标选定第一点，拉出直线再选定第二点，如此拉出不规则的区域将所要编辑区域全部选中。
- "套索选择区域"按钮：在视图中，用鼠标滑过视图，会产生一个轨迹，以这条轨迹为选择区域的选择方法就是套索区域选择。

（4）窗口/交叉选择切换按钮：在按区域选择时，"窗口/交叉选择"切换可以在窗口和交叉模式之间进行切换。

2. "选择过滤器"按钮

用来设置过滤器种类。

3. 选择与操作类按钮

（1）"选择并移动"按钮：用它选择了对象后，能对所选对象进行移动操作。

（2）"选择并旋转"按钮：用它选择了对象后，能对所选对象进行旋转操作。

（3）"选择并均匀缩放"按钮：用它选择了对象后，能对所选对象进行缩放操作。它下面还有两个缩放工具，一个是正比例缩放工具，另一个是非比例缩放工具，按住缩放工具按钮就可以看到这两个缩放工具的图标。

（4）"使用轴点中心"按钮：可以围绕其各自的轴点旋转或缩放一个或多个对象。自动关键点处于活动状态时，"使用轴点中心"按钮将自动关闭，并且其他选项均处于不可用状态。

- "使用选择中心"按钮：可以围绕其共同的几何中心旋转或缩放一个或多个对象。如果变换多个对象，3ds Max Design 会计算所有对象的平均几何中心，并将此几何中心用作变换中心。
- "使用变换坐标中心"按钮：该按钮可以围绕当前坐标系的中心旋转或缩放一个或多个对象。当使用"拾取"功能将其他对象指定为坐标系时（请参见指定参考坐标系），坐标中心是该对象轴的位置。

4. 连接关系类按钮

（1）"选择并链接"按钮：将两个物体链接成父子关系，第一个被选择的物体是第二个物体的子体，这种链接关系是 3ds Max 中的动画基础。

（2）"断开当前选择链接"按钮：单击此按钮时，上述的父子关系将不复存在。

（3）"绑定到空间扭曲"按钮：将空间扭曲结合到指定对象上，使物体产生空间扭曲和空间扭曲动画。

5．复制、视图工具按钮

（1）"镜像"按钮 ：该按钮对当前选择的物体进行镜像操作。

（2）"对齐"按钮 ：该按钮可以将当前选择与目标选择进行对齐。其下还有 5 种对齐方式，可应用于不同的情况。

- "快速对齐"按钮 ：使用"快速对齐"可将当前选择的位置与目标对象的位置立即对齐。

- "法线对齐"按钮 ：使用"法线对齐"对话框基于每个对象上面或选择的法线方向将两个对象对齐。

- "放置高光"按钮 ：单击"对齐"下拉列表中的"放置高光"按钮，可以将灯光或对象对齐到另一对象，以便可以精确定位其高光或反射。

- "对齐摄像机"按钮 ：单击"对齐"下拉列表中的"对齐摄影机"按钮，可以将摄影机与选定的面法线对齐。

- "对齐到视图"按钮 ：单击"对齐"下拉列表中的"对齐到视图"按钮，可以显示"对齐到视图"对话框，用户能够将对象或子对象选择的局部轴与当前视口对齐。

（3）"场景资源管理器"按钮 ：在 3ds Max 中，"场景资源管理器"提供无模式对话框来查看、排序、过滤和选择对象，还一起提供了其他功能，用于重命名、删除、隐藏和冻结对象，创建和修改对象层次，以及编辑对象属性。

（4）"图层"按钮 ：利用该按钮可以对视图中的图层状态进行管理操作。

（5）"切换到功能区"按钮 ：该按钮打开层级视图以显示关联物体的父子关系。

（6）"曲线编辑器"按钮 ：该按钮打开轨迹窗口。

（7）"图解视图"按钮 ："图解视图"是基于节点的场景图，通过它可以访问对象属性、材质、控制器、修改器、层次和不可见场景关系，如连线参数和实例。

（8）"材质编辑器"按钮 ：该按钮打开材质编辑器，其快捷键为 M。

6．捕捉类工具按钮

（1）"捕捉开关"按钮 ：单击该按钮打开/关闭三维捕捉模式开关。

（2）"角度捕捉切换"按钮 ：单击该按钮打开/关闭角度捕捉模式开关。

（3）"百分比捕捉切换"按钮 ：单击该按钮打开/关闭百分比捕捉模式开关。

（4）"微调器捕捉切换"按钮 ：单击该按钮打开/关闭微调器捕捉模式开关。

7．其他工具图标

"渲染工具"按钮 ：第一个按钮用于渲染场景，打开后弹出一个渲染窗，可以设置输出动画的大小、图像质量等；第二个按钮用于快速渲染，所有参数和上一次渲染的参数一样。

5.1.3 命令面板

命令面板在 3ds Max 2016 界面的右侧，包括"创建"命令面板、"修改"命令面板、"层次"命令面板、"运动"命令面板、"显示"命令面板、"实用程序"命令面板，并可在不同的命令面板中进行切换。

命令面板是一种可以卷起或展开的板状结构，上面布满当前操作各种相关参数的各种设定。当单击某个控制按钮后，便弹出相应的命令面板，上面有一些标有功能名称的横条状卷页框，左侧带有"＋"或"－"号。"＋"号表示此卷页框控制的命令已经关闭，而"－"号表示此卷页框控制的命令是展开的。如图 5-3～图 5-8 所示为各命令面板的截图。

图 5-3 "创建"命令面板　　　图 5-4 "修改"命令面板　　　图 5-5 "层次"命令面板

图 5-6 "运动"命令面板　　　图 5-7 "显示"命令面板　　　图 5-8 "实用程序"命令面板

 鼠标在命令面板某些区域呈现手形图标，此时可以按住鼠标左键上下移动命令面板到相应的位置，以选择相应的命令按钮、编辑参数以及进行各种设定等。

1. "创建"命令面板

下面分别介绍其中的子面板。"创建"命令面板如图 5-3 所示。

（1）"几何体"按钮 ◯：可以生成标准几何体、扩展几何体、合成物体、粒子系统、网格面片、NURBS 曲面、动力学物体等。

（2）"图形"按钮 ◌：可以生成二维图形，并沿某个路径放样生成三维造型。

（3）"灯光"按钮 ◌：包括泛光灯、聚光灯等，模拟现实生活中的各种灯光造型。

（4）"摄像机"按钮 ◌：生成目标摄像机或自由摄像机。

（5）"辅助对象"按钮 ▣：生成一系列起到辅助制作功能的特殊对象。

（6）"空间扭曲"按钮 ▧：生成空间扭曲以模拟风、引力等特殊效果。

（7）"系统"按钮 ▥：具有特殊功能的组合工具，生成日光、骨骼等系统。

2. "修改"命令面板

如果要修改对象的参数，就需要进入"修改"命令面板，在面板中可以对物体应用各种修改器，每次应用的修改器都会记录下来，保存在修改器堆栈中。"修改"命令面板一般由 4 部分组成，如图 5-4 所示。

（1）名字和颜色区：名字和颜色区显示了修改对象的名字和颜色。

（2）修改命令区：可以选择相应的修改器。单击"修改器配置"按钮 ▣，通过它来配置有个性的修改器面板。

（3）堆栈区：这里记录了对物体每次进行的修改，以便随时对以前的修改作出订正。

（4）参数区：显示了当前堆栈区中被选对象的参数，随物体和修改器的不同而不同。

3. "层次"命令面板

这个命令面板方便地提供了对物体链接控制的功能（如图 5-5 所示）。通过它可以生成 IK 链，可以创建物体间的父子关系，多个物体的链接可以形成非常复杂的层次树。它提供了正向运动和反向运动双向控制的功能。"层次"命令面板包括以下 3 部分。

（1）轴：3ds Max 中的所有物体都只有一个轴心点，轴心点的作用主要是作为变动修改中心的默认位置。当为物体施加一个变动修改时，进入它的"中心"次物体级，在默认的情况下轴心点将成为变动的中心，作为缩放和旋转变换的中心点。作为父物体与其子物体链接的中心，子物体将针对此中心进行变换操作，作为反向链接运动的链接坐标中心。

（2）IK：是根据反向运动学的原理，对复合链接的物体进行运动控制。我们知道，当移动父对象时，它的子对象也会随之移动，而当移动子对象时，如果父对象不跟着运动，称为正向运动，否则称为反向运动。简单地说，IK 反向运动就是当移动子对象时，父对象也跟着一起运动。使用 IK 可以快速准确地完成复杂的复合动画。

（3）链接信息：是用来控制物体在移动、旋转、缩放时，在 3 个坐标轴上的锁定和继承情况。

4. "运动"命令面板

通过"运动"命令面板可以控制被选择物体的运动轨迹，还可以为它指定各种动画控制器，同时对各关键点的信息进行编辑操作（见图 5-6）。"运动"命令面板包括以下两个部分。

（1）参数：在参数面板内可以为物体指定各种动画控制器，还可以建立或删除动画的关键点。

（2）轨迹：代表过渡帧的位置点，白色方框点代表关键点。可以通过变换工具对关键点进行移动、缩放、旋转以改变物体运动轨迹的形态，还可以将其他的曲线替换为运动轨迹。

5. "显示"和"实用程序"命令面板

"显示"命令面板主要控制视图中某些对象的隐藏与显示；在"实用程序"命令面板中可以访问各种工具程序，包含用于管理和调用的卷展栏，如图 5-7 和图 5-8 所示。

5.1.4 视图

3ds Max 2016 主接口中的 4 个视图是三维空间内同一物体在不同视角的一种反映。3ds Max 2016 系统本身默认视图设置为 4 个。

（1）顶视图：即从物体上方往下观察的空间，默认布置在视图区的左上角。在这个视图中没有深度的概念，只能编辑对象的上表面，在顶视图中移动物体，只能在 xz 平面内移动，不能在 y 方向移动。

（2）前视图：即从物体正前方看过去的空间，默认布置在视图区的右上角。在这个视图中没有宽的概念，物体只能在 xy 平面内移动。

（3）左视图：从物体左面看过去的空间，默认布置在视图区左下角。在这个视图中没有宽的概念，物体只能在 xz 平面内移动。

（4）透视图：通常所讲的三视图就是上面的 3 个视图。在一个三维空间中，操作一个三维物体比操作一个二维物体要复杂得多，于是人们设计出三视图。在三视图的任何一个之中，对对象的操作都像是在二维空间中一样。假如只有三视图，那就体现不出 3D 软件的精妙，透视图正为此而存在。

> 观察一栋楼房，总是感到离观察者远的地方要比离得近的地方矮一些，而实际上是一样高的，这就是透视效果。透视是一个视力正常的人看到空间物体的比例关系。因为有了透视效果，才会有空间上的深度和广度。透视图加上前面的 3 个视图，就构成了计算机模拟三维空间的基本内容。默认的 4 个视图不是固定不变的，可以通过快捷键进行切换。快捷键与视图对应关系如下：T=顶视图；B=底视图；L=左视图；R=右视图；F=前视图；K=后视图；C=摄像机视图；U=用户视图；P=透视图。

5.1.5　视图控制区

视图控制区各按钮用于控制视图中显示图像的大小状态，熟练地运用这些按钮，可以大大地提高工作效率。

（1）"缩放"按钮：单击该按钮，在任意视图中按住鼠标左键不放，上下拖动鼠标，可以拉近或推远场景。

（2）"缩放所有视图"按钮：与"缩放"按钮用法相同，只是它影响的是所有可见视图。

（3）"最大化显示选定对象"按钮：单击该按钮，当前视图以最大方式显示。

（4）"所有视图最大化显示选定对象"按钮：单击该按钮，在所有视图中被选择的物体均以最大方式显示。

（5）"缩放区域"按钮：单击该按钮，用鼠标在想放大的区域拉出一个矩形框，矩形框内的所有物体组成的整体以最大方式在本视图中显示，不影响其他视图。

（6）"平移视图"按钮：单击该按钮，在任意视图拖动鼠标，可以移动视图观察窗。

（7）"环绕子对象"按钮：单击该按钮，视图中出现一个黄圈，可以在圈内、圈外或圈上的 4 个顶点上拖动鼠标以改变物体在视图中的角度。在透视图以外的视图应用此命令，视图自动切换为用户视图。如果想恢复原来的视图，可以用刚学的快捷键来实现。

（8）"最大化视口切换"按钮：单击该按钮，当前视图全屏显示。再次单击，可恢复为原来状态。

5.2　3ds Max 2016 建模

二维尤其是三维建模功能是 3ds Max 最基本也是最重要的功能，本节将进行简要讲述。

5.2.1　二维图形绘制与编辑

1. 二维图形的绘制

3ds Max 2016 提供了 12 种常见的图形，分别为线、矩形、圆、椭圆、弧、圆环、多边形、星形、文本、螺旋线、卵形和截面。图 5-9 所示给出了这些图形的效果。

单击"创建"按钮，然后单击"图形"按钮，展开"对象类型"卷展栏，面板上即出现 12 种图形按钮，如图 5-10 所示。单击相应的图形按钮，即可在视图中创建图形。

图 5-9　各种图形的效果　　　　　　图 5-10　二维图形创建面板

二维图形的常用创建方法有两种：①通过命令面板；②通过菜单命令。

在"创建"菜单栏的"图形"子菜单中选择相应的图形命令，即可在视图中创建图形。

2．二维图形的编辑

一般来讲，创建好图形后，都要展开修改面板进行编辑。对于"线"来讲，可以直接进入点、线段、样条线子物体编辑层次。对于其他图形而言，可以选中图形并在其上右击，在弹出的快捷菜单中选择"转换为"→"转换为可编辑样条线"命令，将其转换成样条线，然后即可进入子物体编辑层次进行编辑。

5.2.2　由二维图形生成三维造型

3ds Max 2016 可以将二维图形通过修改器下拉列表中相应的修改器命令生成三维造型，具体如下。

（1）"车削"修改器通过绕轴旋转一个图形或 NURBS 曲线来创建 3D 对象，如图 5-11 所示。

（2）"挤出"修改器将深度添加到图形中，并使其成为一个参数对象，如图 5-12 所示。

（3）"倒角"修改器将图形挤出为 3D 对象并在边缘应用平或圆的倒角。此修改器的一个常规用法是创建 3D 文本和徽标，而且可以应用于任意图形，如图 5-13 所示。

图 5-11　车削效果　　　　　图 5-12　挤出效果　　　　　图 5-13　倒角效果

5.2.3　标准几何体

场景中实体 3D 对象和用于创建它们的对象，称为几何体。通常，几何体组成场景的主题和渲染的对象。可以说，熟悉几何体的创建和参数是 3D 建模最基本的要求。基本几何体包括标准几何体、扩展几何体、门、窗、楼梯以及栅栏、植物等各种建筑扩展对象。

1．基本几何体

基本几何体包括圆柱体、管状体、长方体、圆锥体、球体和几何球体、环状体、四棱锥、茶壶、平面等，如图 5-14 所示。单击"创建"按钮 ，再单击"几何体"按钮 ，展开标准基本体创建面板，"对象类型"卷展栏下列出了可以创建的各种标准基本体按钮，如图 5-15 所示。

图 5-14　基本几何体　　　　　　　　　图 5-15　标准基本体创建面板

2．扩展几何体

扩展几何体是 3ds Max 2016 中复杂几何体的集合，可用来创建更多复杂的 3D 对象，如胶囊、油罐、纺锤、异面体、环形结和棱柱等，图 5-16 所示为 3ds Max 2016 提供的扩展几何体。单击"创建"按钮 ，再单击"几何体"按钮 ，然后单击"标准几何体"下拉列表，选择"扩展几何体"，展开扩展基本体创建面板，"对象类型"卷展栏下列出了可以创建的各种扩展基本体按钮，如图 5-17 所示。

图 5-16　扩展几何体　　　　　　　　　图 5-17　扩展基本体创建面板

3．门

使用门模型可以控制门外观的细节，还可以将门设置为打开、部分打开或关闭，以及设置打开的动画。有 3 种类型的门：枢轴门是读者熟悉的，即仅在一侧装有铰链的门；折叠门的铰链装在中间以及侧端，就像许多壁橱的门那样，也可以将这些类型的门创建成一组双门；推拉门有一半固定，另一半可以推拉。图 5-18 所示为使用 3ds Max 2016 提供的门创建的模型。单击"创建"按钮 ，再单击"几何体"按钮 ，然后单击"标准几何体"下拉列表，选择"门"，进入门对象创建面板，"对象类型"卷展栏下列出了可以创建的各种门按钮，如图 5-19 所示。

图 5-18　门效果　　　　　　　　　　图 5-19　门对象创建面板

4．窗

使用窗口对象，可以控制窗口外观的细节，还可以将窗口设置为打开、部分打开或关闭，以及设置随时打开的动画。3ds Max 2016 提供了 6 种类型的窗口。图 5-20 所示为使用 3ds Max 2016 提供的窗创建的模型。单击"创建"按钮，再单击"几何体"按钮，然后单击"标准几何体"下拉列表，选择"窗"，进入窗对象创建面板，"对象类型"卷展栏下列出了可以创建的各种窗的按钮，如图 5-21 所示。

图 5-20　窗效果　　　　　　　　　　图 5-21　窗对象创建面板

5．楼梯

在 3ds Max 2016 中可以创建 4 种不同类型的楼梯：螺旋楼梯、直线楼梯、L 型楼梯、U 型楼梯。图 5-22 所示为使用 3ds Max 2016 提供的楼梯创建的模型。单击"创建"按钮，再单击"几何体"按钮，然后单击"标准几何体"下拉列表，选择"楼梯"，进入楼梯对象创建面板，"对象类型"卷展栏下列出了可以创建的各种楼梯按钮，如图 5-23 所示。

图 5-22　楼梯效果　　　　　　　　　图 5-23　楼梯对象创建面板

6．AEC 扩展对象

AEC 扩展对象专为在建筑、工程和构造领域中使用而设计。用户可以使用"植物"来创建各种植物，如图 5-24 所示；使用"栏杆"来创建栏杆和栅栏，如图 5-25 所示；使用"墙"来创建墙，如图 5-26 所示。单击"创建"按钮，再单击"几何体"按钮，然后单击"标准几何体"下拉列表，选择"AEC

扩展"，进入 AEC 扩展对象创建面板，"对象类型"卷展栏下列出了可以创建的各种 AEC 扩展对象按钮，如图 5-27 所示。

图 5-24　植物的形状示例

图 5-25　栏杆的形状示例

图 5-26　墙的形状示例

图 5-27　AEC 扩展对象创建面板

5.2.4　其他建模工具

3ds Max 2016 还有其他复杂的建模工具，包括复合建模、多边形建模、NURBS 建模、编辑修改器等，在后面的实例中具体应用时再进行讲述。

5.3　3ds Max 2016 灯光

灯光是场景中的一个重要组成部分。在三维场景中，精美的模型、真实的材质、完美的动画，如果没有灯光照射一切都是无用的。灯光的作用不仅仅是添加照明，恰如其分的灯光不仅使场景充满生机，还会增加场景中的气氛，影响观察者的情绪，改变材质的效果，甚至使场景中的模型产生感情色彩。本节将简要讲述各种灯光的设置方法。

5.3.1　灯光基本简介

3ds Max 2016 中主要包括两种类型的灯光，分别为标准灯光和光度学灯光。

1.　标准灯光的类型

（1）目标聚光灯：一种投射灯光，通常用于室外场景的照明。产生锥形的照光，照射的范围可以自由调整，对被照射对象起作用，在照射范围之外的对象不受灯光的影响。

（2）自由聚光灯：一种没有照射目标的聚光灯，通常用于运动路径上，在场景中可以用来模拟晃动的手电筒和舞台上的射灯等动画灯光。

（3）目标平行光：是一种与自由聚光灯相似的平行灯光，照明范围为柱形的，通常用于动画。

（4）自由平行光：是一种与自由聚光灯相似的平行灯光，通常用来模拟日光、探照灯光等效果。

（5）泛光：室内最常见的灯光，向四周均匀照射的点光源，通常运用于室内空间的照明。它的照射范围可以任意调整，光线可以达到无限远的地方，产生均匀的照射效果。泛光灯的照射强度与对象的距离无关，与对象的夹角有关。但在一个场景中使用泛光灯过多，容易使场景的明暗层次平淡、缺少对比、重点不突出。泛光灯也能投射阴影、图像、设置衰减范围等，但它塑造阴影的效果不如聚光灯突出。泛光灯可以用来模仿灯泡、太阳等发光对象。

（6）天光：天光灯光模拟建立日光的模型，通常与光跟踪器一起使用。可以设置天光的颜色或将其指定为贴图。

（7）mr Area Ommi：当使用 mental ray 渲染器渲染场景时，区域泛光灯从球体或圆柱体体积发射光线，而不是从点光源发射光线。使用默认的扫描线渲染器时，区域泛光灯像其他标准的泛光灯一样发射光线。

（8）mr Area Sport：当使用 mental ray 渲染器渲染场景时，区域聚光灯从矩形或碟形区域发射光线，而不是从点光源发射光线。使用默认的扫描线渲染器时，区域聚光灯像其他标准的聚光灯一样发射光线。

2．光度学灯光

Photometric 包括 3 个灯光类型，它是一种使用光能量数值的灯对象，始终使用平方倒数衰减方式，可以精确地模拟真实世界灯的行为，提供更精确的光能传递的效果。它们都是用物体计算的算法，和标准灯光一样，也分为点光、线光、聚光等，还有专门用天光计算的阳光。

3．光源的基本组成

所有模拟光源的基本组成部分包括位置、颜色、强度、衰减、阴影等。此外，聚光灯由它的方向和圆锥角定义。

（1）位置和方向：一个光源的位置和方向可以用 3ds Max 提供的视图导航栏工具或者几何变换工具控制。在线框显示模式中，光源通常用各种图形符号表示，例如，灯泡表示点光源，圆锥表示聚光源，带箭头的圆柱表示平行光源等。

（2）颜色和强度：在 3ds Max 中光源可以有任何颜色。3ds Max 提供的调光器控制光源的强度或者亮度，光的强度和亮度互相影响，光颜色的任何变化几乎都影响它的强度。

（3）衰退和衰减：光的衰退值控制着光离开光源后能传播多远。在现实世界中，光的衰退总是和光源强度联系在一起。但在 3ds Max 中，衰减参数独立于强度参数。衰减参数定义光离开光源的强度变化。但点光源产生的光在所有方向上的衰退是一致的，由聚光灯产生的光不仅随着光离开光源而衰减，还随着光离光束圆锥中心向边缘移动而衰减。

（4）锥角或光束角度：光的锥角特征是聚光灯特有的。聚光灯的锥角定义了光束覆盖的表面区域，该参数模拟实际聚光灯的挡光板，控制光束的传播。

（5）阴影：现实世界中所有的光源都产生阴影，但阴影投射这个光源特征在 3ds Max 中可以打开或关闭。它主要由阴影的颜色、半阴影的颜色和阴影边缘的模糊程度这些参数决定。

4．场景的照明原则

为了更好地在 3ds Max 场景中设置灯光，需要了解布置灯光的一般性原则。在进行灯光布置时，有 4 种基本类型的光源。

（1）主光源提供场的主要照明以及阴影效果，有明显的光源方向，一般位于视平面 30°～45° 方向，与摄像机的夹角为 30°～45°，投向主对象，一般光照强度较大，并且投射阴影，能充分地把主要对象从背景中凸显出来。主光源的位置并不是一成不变的，用户可以根据需要将主光源放置在场景的任何位置。另外，主光源并非只是一个光源，因为只有一个主光源的场景往往是单调的。为了丰富场景，活跃场景气氛，用户可以多设置几个主光源。

（2）补光源用来平衡主光源造成的过大的明暗对比，同时也可以勾画出场景中对象的轮廓，为场提供景深效果和逼真度。一般相对于主光源位于摄像机的另一侧，高度和主光源相近。一般光照强度较主光源小，但光照范围较大，因此能覆盖主光源无法照射到的区域。

（3）背光源的主要作用是使诸对象同背景分离，其位置通常放置在与主光源或摄像机相对的位置上。其照射强度一般很小，多用大的衰减。

（4）在制作三维效果图时，往往需要设置背景光源，以便照亮界面。一般情况下用 Omni 照射，并且其光照强度较小，补充设置照射的范围，不排除对象。

上面所述的只是一般的照明原则，用户应该灵活理解和应用。如果用户所设计的场景非常大，那么可使用区域照明方法为场景照明。所谓区域照明就是将场景划分为不同的区域，然后再分别为不同的区域建立照明灯光。使用区域照明时，应灵活应用灯光的"排除"或者"包含"功能，以便排除或者包括所选对象是否在照明区域。

5. 3ds Max 2016 高级灯光

按 F9 键，或者选择菜单栏中的"渲染"→"渲染设置"命令，在弹出的"渲染设置"对话框的"高级照明"卷展栏的下拉菜单中有以下两个选项。

（1）光跟踪器是一种全局光照系统，它使用一种光线追踪技术在场景中取样点并计算光的反射，实现更加真实的光照，尽管它在物理上不是很准确，其结果和真实情况非常相近，只需很少的设置和调节就能达到令人满意的结果。光跟踪器一般适合于结合标准灯光或者天光来使用。

（2）光能传递也是一种全局光照系统，它能在一个场景中重现从物体表面反射的自然光线，实现真实、精确的物理光线照明渲染，一般在使用光度学灯光时结合使用。

6. 环境中的体积光

体积光是 3ds Max 2016 环境项中自带的一种特殊的光体。利用体积光效制作文字动画是片头特技中常用的手法，对灯光指定体积光也可以制作带有光芒放射效果的光斑。

7. V-Ray 灯光

V-Ray 灯光分为 3 种类型，即平面的、穹顶的和球形的。优点是与 V-Ray 渲染器专用的材质和贴图配合使用时，效果会比 Max 的灯光类型要柔和、真实，且阴影效果更为逼真；缺点是当使用 V-Ray 的全局照明系统时，如果渲染质量过低（或参数设置不当）会产生噪点和黑斑，且渲染的速度会比 Max 的灯光类型要慢一些。

8. V-Ray 阳光

它与 V-Ray 天光或 V-Ray 的环境光一起使用时能模拟出自然环境的天空照明系统。优点是操作简单，参数设置较少，比较方便；缺点是没有办法控制其颜色变化、阴影类型等因素。

5.3.2　基本灯光应用实例

本实例通过几种最基本的灯光（包括目标聚光灯、泛光灯）应用，来演示灯光的各个参数的设置和运用。

（光盘：动画演示\第 5 章\基本灯光应用实例.avi）

（1）选择菜单栏中的"文件"→"打开"命令，打开本书配套光盘提供的"源文件\第 5 章\基本灯光\Light1.Max"场景文件，如图 5-28 所示。

5.3.2　基本灯光
应用实例

（2）激活摄像机视图，单击主工具栏上的"渲染产品"按钮 ，渲染效果如图 5-29 所示。

缺乏灯光的效果使整个渲染画面看起来非常黯淡，现在先给场景加上模拟的背景效果。选择菜单栏中的"渲染"→"环境"命令，打开"环境和效果"对话框。展开"公用参数"卷展栏，单击"无"按钮（见图 5-30），弹出"材质/贴图浏览器"对话框，选择"渐变"贴图类型。

图 5-28　文件场景效果

图 5-29　渲染效果

图 5-30　加载环境贴图

（3）加载"渐变贴图"后，单击主工具栏上的"材质编辑器"按钮，打开材质编辑器，然后单击"环境"编辑面板上设置的"渐变"贴图按钮（也就是将图 5-30 所示的"无"按钮再拖曳到"材质编辑器"窗口上的一个材质球上）。

（4）打开"实例（副本）贴图"对话框，选择"实例"方法，表示环境贴图和当前这个材质球是关联的（如果其中一个变化另一个也会发生同样的变化），如图 5-31 所示。在"材质编辑器"窗口中，渐变材质球如图 5-32 所示。

（5）选中渐变材质球，在其"渐变参数"卷展栏中设置渐变颜色，分别单击"颜色#"后的颜色框，在打开的拾色框中选择颜色。最后，渐变的效果在材质编辑器中如图 5-33 所示。激活摄像机视图，快速渲染后的效果如图 5-34 所示。

（6）给场景加载灯光。单击"创建"按钮，进入"创建"面板，然后单击"灯光"按钮，在其"对象类型"卷展栏中单击"泛光"按钮，在左视图中加载一个泛光灯，如图 5-35 所示。

（7）选中刚才加载的泛光灯，单击"修改"按钮，进入"修改"面板。

① 设置阴影。在"阴影参数"卷展栏中选中"启用"复选框，表示产生阴影效果，在阴影类型的下拉列表框中保持默认的"阴影贴图"类型。"阴影贴图"为阴影类型中渲染时速度最快的类型，它实际上是一种贴图形式，为模拟的贴图视觉效果。

图 5-31　选择"实例"方法　　　图 5-32　渐变材质球　　　　　图 5-33　渐变颜色设置

图 5-34　渲染效果　　　　　　　　图 5-35　加载泛光灯

② 展开"阴影参数"卷展栏，"阴影颜色"保持默认颜色，为了减弱阴影的密度，在"密度"文本框中把默认值 1.0 改为 0.8。

③ 展开"阴影贴图参数"卷展栏，阴影偏移值保持默认的 1.0 不变，阴影贴图大小也保持 512 不变（贴图值越高，表示阴影边缘越清晰，抗锯齿越强）。将"采样范围"文本框内的数值 4.0 修改为 10.0，使阴影的边缘变得模糊，过渡柔和一些，不那么锐利。

④ 调节灯光的强度、颜色、衰减的属性。展开"强度/颜色/衰减"卷展栏，单击"倍增"后面的颜色选择器图标，选择亮黄色为灯光颜色。最后，灯光面板设置如图 5-36 所示。

（8）修改完灯光设置参数后，激活摄像机视图，进行快速渲染，效果如图 5-37 所示。

图 5-36　灯光设置

图 5-37　渲染效果

（9）由于室内照明还是偏暗，再给场景加载一盏聚光灯。单击"创建"按钮，进入"创建"面板，然后单击"灯光"按钮，在其"对象类型"卷展栏中单击"目标聚光灯"按钮，按照图 5-38 所示的位置给场景加上聚光灯效果。

图 5-38　聚光灯位置

（10）选择聚光灯，单击"修改"按钮，进入"修改"面板。展开"常规参数"卷展栏，在阴影栏中取消选中"启用"复选框，表示不产生阴影效果，以免看起来画面太乱。

（11）展开"强度/颜色/衰减"卷展栏，在"倍增"后面的文本框中输入数值 0.8，减弱它的灯光强度。如果想调节聚光灯范围和衰减程度，可以打开"聚光灯参数"卷展栏，分别设置"聚光区/光束"和"衰减区/区域"的数值，如图 5-39 所示。

（12）设置完灯光参数后，激活摄像机视图，对场景进行快速渲染，渲染效果如图 5-40 所示。

图 5-39　聚光灯衰减参数

图 5-40　渲染效果

（13）场景的灯光不太集中，再继续加载一盏聚光灯。单击"创建"按钮 ✳，进入"创建"面板，然后单击"灯光"按钮 🔦，在其"对象类型"卷展栏中单击"目标聚光灯"按钮，按照图 5-41 所示的位置给场景加上聚光灯效果。

（14）选中第（13）步创建的目标聚光灯，单击"修改"按钮 📝，进入"修改"面板，展开"强度/颜色/衰减"卷展栏，在"倍增"后的文本框中输入数值 0.47。然后展开"聚光灯参数"卷展栏，分别在"聚光区/光束"和"衰减区/区域"文本框中输入数值 19.0 和 42.0，如图 5-42 所示。

图 5-41　聚光灯位置

图 5-42　设置光束范围

（15）展开"大气和特效"卷展栏，单击"添加"按钮，弹出"添加大气或效果"对话框，双击"体积光"选项，加入一个体积光效，如图 5-43 所示。

（16）选中"大气和特效"卷展栏中刚加入的"体积光"，编辑它的属性，单击"设置"按钮，打开"体积光参数"卷展栏，如图 5-44 所示。

图 5-43　选择"体积光"选项

图 5-44　体积光参数设置

（17）观察添加了聚光灯和体积光的效果。激活摄像机视图，对场景进行快速渲染，效果如图 5-45 所示，呈现有光线从窗户进入的明显光效。

（18）为体积光增加噪波，产生不规则的分散效果。在"体积光参数"卷展栏中选中"启用噪波"复选框。

（19）为了和室内的偏黄灯光相区别，把"体积"栏中的"雾颜色"设置成天光色浅蓝，其他设置如图 5-46 所示。

图 5-45　渲染效果

图 5-46　体积光参数设置

（20）完成设置后，按 F9 键，重新渲染摄像机视图，观察体积光的噪波效果，如图 5-47 所示。

图 5-47　加入噪波后的体积光渲染效果

本节的灯光设置到此完成，最后的场景文件可参考光盘文件中的"源文件\室内灯光\基本灯光\Light2.Max"文件。

光线是营造场景气氛的重要手段。要体现场景中的立体感，获得真实的效果，在建立好模型、设置材质的同时，必须要调整好灯光的类型、颜色、位置、照射方向和光线强度等。

5.4　3ds Max 2016 材质编辑器简介

3ds Max 2016 中的材质和贴图，主要用于描述对象表面的物质状态，构造真实世界中自然物质表现的视觉表象，材质与贴图的编辑过程主要通过材质编辑器进行。

5.4.1　材质编辑器简介

材质编辑器是一个浮动面板，单击主工具栏上的"材质编辑器"按钮，打开材质编辑器（快捷键为 M）。

材质编辑器在整体上分为 4 个功能区域：材质样本窗口、样本控制工具栏、参数控制区、材质编辑工具栏。

1．材质样本窗口

在材质编辑器中，顶端的 6 个窗口为材质实例窗口。材质编辑器中共有 24 个材质实例窗口，系统一般默认为 6 个窗口，用鼠标拖曳右边或者下面的控制滑块，可以观察材质编辑器中其他的实例窗口。每一个材质样本窗口代表一个材质，对某一个材质进行编辑时，必须先用鼠标激活该材质样本窗口，此时激活的材质样本窗口四边会有白色线框显示，如图 5-48 所示。若该材质已被赋予场景模型，则材质样本窗口四边同时还会有小三角形显示，说明该材质样本窗口为同步材质。当编辑同步材质时，场景中该材质的对象也会相应地被编辑。

用鼠标双击材质样本窗口，或者在材质样本窗口右击，从打开的快捷菜单中选择"放大"命令，如图 5-49 所示，可以打开一个浮动的实例窗口。拖动实例窗口的边角可以改变实例窗口的大小，它主要用于更直观地显示材质与贴图的编辑过程。另外，可以通过选择图 5-49 所示的快捷菜单中的"3×2 示例窗"等选项来调节材质样本窗口显示的数量。若选择"5×3 示例窗"选项，材质样本窗口的数量会变成 15 个；若选择"6×4 示例窗"选项，材质样本窗口的数量会变成 24 个。需要注意的是，材质样本窗口的数量和场景中使用材质的数量没有直接的关系，即材质样本窗口的数量不会限制材质的数量。材质样本窗口只是显示材质的效果，材质被存储在场景文件中或材质库中。

图 5-48 材质样本窗口

图 5-49 材质样本窗口快捷菜单

2．样本控制工具栏

样本控制工具栏分布在材质样本窗口的右侧。利用这些工具栏的命令可控制材质样本窗口中材质的显示状态，具体用途分别如下。

（1）"采样类型"按钮 ⬤：在其类型下列出了几种不同的实例对象，单击该按钮，在其下拉列表中可以选择其他样本类型按钮，其中包括"球体""圆柱体""立方体"。在编辑样本材质时，应选择和场景中物体形状相似的样本类型，以便于观察材质的效果。

（2）"背光"按钮 ⬤：激活反光工具，材质样本窗口中的实例球将出现背景光效果；关闭该反光，效果消失。其默认为激活状态，主要用于更好地预览材质的编辑效果。

（3）"背景"按钮 ▦：激活该工具，为材质样本窗口增加一个彩色格子的背景。另外，在"材质编辑器选项"对话框的"自定义背景"项中，可以选择一个自定义的图像作为材质样本窗口背景。背景主要用于更好地预览透明材质、反射材质的编辑制作效果。

（4）"采样 UV 平铺"按钮 ▢：该工具主要用于测试材质样本窗口中材质表面 UV 方向的重复贴图阵列效果，此工具的设置只会改变材质样本窗口中材质的显示形态，对于实际的贴图并不产生影响。在其下拉列表中可以切换 4 种不同的阵列方式。

（5）"视频颜色检查"按钮█：该工具主要用于自动检查材质表面色彩是否有超过视频限制的现象，主要应用于动画制作。

（6）"生成预览"按钮█：该工具主要用于材质动画的预览。单击该按钮不放，在下拉列表中有另外两个按钮可供切换，分别是播放预览、保存预览按钮。

（7）"按材质选择"按钮█：单击该按钮，打开"选择对象"对话框，并自动选择场景中赋有当前材质的模型，如图 5-50 所示。

（8）"材质/贴图导航器"按钮█：单击该按钮，打开"材质/贴图导航器"对话框，可以帮助用户控制如何在示例中显示材质和贴图。

（9）"选项"按钮█：单击该按钮显示"材质编辑器选择"对话框，如图 5-51 所示，主要是对材质编辑器进行整体设置。其各选项介绍如下。

图 5-50 "选择对象"对话框

图 5-51 "材质编辑器选项"对话框

- 手动更新：选中该复选框，即表示关闭材质样本窗口的自动更新功能。

- 不显示动画：如果取消选中该复选框，场景中播放动画时，材质样本窗口的动画贴图也随之同时产生动画；否则，场景中播放动画时，材质样本窗口的动画贴图不更新显示。

- 仅动画显示活动示例：选中该复选框后，在场景中播放动画时，仅当前激活的材质样本窗口的动画贴图随之同时产生动画。

- 仅更新活动示例：选中该复选框后，启用时，示例窗不加载或产生贴图，除非激活示例窗。这样可以在使用材质编辑器时节省时间，特别是在场景使用大量带贴图的材质时。默认设置为禁用状态。

- 抗锯齿：选中该复选框后，仅有当前选择的材质样本窗口更新贴图，以便节省材质编辑器的更新显示时间。

- 逐步优化：选中该复选框，能在材质样本窗口中显示更好的渲染效果。

- 在顶级以下简化多维/子对象材质显示：选中该复选框，当材质具有多个层级时，材质样本窗口内仅显示当前层级的材质效果，只有回到材质顶级时，材质样本窗口才显示出材质的最终效果；如果取消选中该复选框，材质样本窗口显示的就是材质的最终效果。

- 以 2D 形式显示贴图：选中该复选框，材质样本窗口以二维模式显示贴图。

- 自定义背景：选中该复选框，并单击其右侧按钮，可以在打开的对话框中选择在电脑中准备好的背景图像。

- 显示多维/子对象材质传播警告：可以在对实例化的 ADT（ADT 是基于 AutoCAD 开发的三维建筑模型）基于样式的对象应用多维/子对象材质时，切换警告对话框的显示。

- 自动选择纹理贴图大小：此选项可以使用纹理贴图，将其设置为"使用真实世界比例"的材质，来确保贴图在示例球中的正确显示。

3．参数控制区

在 3ds Max 2016 系统中，参数控制区是设置场景材质的主要区域。它由 7 个卷展栏组成："明暗器基本参数"卷展栏、"Blinn 基本参数"卷展栏、"扩展参数"卷展栏、"超级采样"卷展栏、"贴图"卷展栏、"动力学属性"卷展栏和"Mental ray 连接"卷展栏。用户可以通过调整这些参数和贴图来模拟各种材质的视觉效果。

下面简单介绍一些参数。

（1）"从对象拾取材质"按钮 ：单击该按钮，在场景视图中单击已经赋予材质的模型，就可以把该模型的材质拾取到当前的材质样本窗口。该按钮右侧为材质名称的文本框，显示当前材质的名称，用户可以在该文本框中对材质重命名。

（2）"标准"材质类型：单击该按钮，在打开的对话框中选择材质和贴图的类型，在该按钮上显示当前层级材质和贴图类型。Standard 为系统默认的标准材质类型。

（3）在"明暗器基本参数"卷展栏的下拉列表框中可以选择不同的材质渲染明暗属性，选定不同的明暗方式则呈现出不同的参数设置选项。在 3ds Max 2016 系统中提供了 8 种不同的明暗方式属性，它们分别为："各向异性"属性、"Blinn"属性、"金属"属性、"多层"属性、"Oren-Nayar-Blinn"属性、"Phong"属性、"Strauss"属性、"半透明明暗器"属性。

- 线框：选中该复选框，表示场景中的模型以网格线框方式渲染。

- 双面：选中该复选框，表示将材质指定到模型的正反两面。系统默认为渲染模型的外表面，但对于一些特殊的模型，需要看到内壁效果时，就需要双面渲染。

- 面贴图：选中该复选框，表示材质将不赋予模型的整体，而是将材质指定给几何体的每一个表面。

- 面状：选中该复选框，表示材质渲染时是小块面拼合的效果。

（4）"Blinn 基本参数"卷展栏的参数设置是依据"明暗器基本参数"卷展栏中指定不同的明暗属性参数而变化的。其中的参数设置主要包括光颜色属性、自发光属性、透明属性、受光强度等的设置。

（5）"扩展参数"卷展栏的参数设置也是依据"明暗器基本参数"卷展栏中指定不同的明暗属性参数而变化的，这类参数主要是通过修改当前材质样本窗口的设置而增大或减小。

（6）"超级采样"卷展栏主要是设置系统的抗锯齿效果，用于图像输出设置，以得到更好的渲染效果。

（7）"贴图"卷展栏主要用于给材质指定贴图，对于不同的材质特性应进行相应的贴图。

3ds Max 2016 为标准材质提供了如图 5-52 所示的 12 种贴

图 5-52　贴图通道

图通道。要模拟材料的真实质感，首先应确定一张贴图放在哪一个贴图通道中，同一张贴图放在不同的贴图通道中会使材质产生不同的显示效果。

（8）"动力学属性"卷展栏用于指定对象运动时所表现出来的表面属性，该参数主要用于动画制作、设置动力学特性。

（9）当通过使用"首选项"对话框中的 mental ray 面板启用 mental ray 扩展时，会出现材质的"Mental ray 连接"卷展栏，此卷展栏用于将 mental ray 着色添加到标准材质。

4．材质编辑工具栏

材质编辑工具栏分布在材质样本窗口的下方。利用这些工具栏的命令可完成对材质的调用、存储、赋予场景对象材质等功能，具体用途分别如下。

- "获取材质"按钮：单击该按钮，打开"材质/贴图浏览器"面板，从中选择所需要的贴图和材质。
- "将材质放入场景"按钮：单击该按钮，可将材质样本窗口中编辑好的材质重新赋予场景中的对象，材质同时被修改为同步材质。
- "将材质指定给选定对象"按钮：单击该按钮，将当前材质样本窗口中的材质赋予场景中被选择的对象，当前材质同时被修改为同步材质。
- "重置贴图/材质为默认设置"按钮：该按钮用于将当前材质样本窗口中的材质参数进行重新设定，清除对当前材质的所有编辑命令，恢复到系统的默认状态。
- "生成材质副本"按钮：将同步材质改为非同步材质，该按钮只有在当前材质为同步材质时才可使用。
- "使唯一"按钮：将当前材质样本窗口中的多维层级材质的子材质转换成一个独立的材质。
- "放入库"按钮：单击该按钮，打开"放置到库"对话框，询问是否把整个材质/贴图存到库中，如图 5-53 所示。

图 5-53 "放置到库"对话框

- "材质 ID 通道"按钮：该按钮用于为材质指定特效通道。特效通道主要是在视频合成器中共同制作特效材质，主要用于动画。
- "视口中显示明暗处理材质"按钮：激活该按钮，可以在材质样本窗口中显示出材质的贴图效果。另外，如果场景中的对象没有被指定贴图坐标，激活该按钮的同时也会自动给对象指定贴图坐标。
- "显示最终效果"按钮：该按钮主要针对于多维层级材质的子材质，混合材质的分支材质来使用。单击该按钮，能在材质样本窗口中观察子材质编辑状态下材质的当前效果和最终效果，而不是默认的顶级材质的效果。
- "转到父对象"按钮：该按钮主要针对于多维层级的材质和贴图，返回到上一级父级材质的编辑状态。
- "转到下一个同级项"按钮：该按钮主要针对于多维层级的材质和贴图，单击该按钮能把当前材质转到同一级子材质的编辑上。

单击"材质类型"按钮，打开"材质/贴图浏览器"面板，可以看到在 3ds Max 2016 中提供的贴图材质如图 5-54 所示。

图 5-54　材质类型

对于材质的选择，要根据场景中对象的具体情况而定，不同的材质类型有不同的特性，下面为主要材质的简介。

（1）Directx Shader：使用 DirectX 明暗处理对视口中的对象进行明暗处理，这些明暗处理可与其他硬件显示平台（如游戏引擎）配合使用。

（2）Ink'n Paint：允许材质被渲染成卡通的式样，这一特性通常被称为 Toon shader 即卡通光影模式。在系统中，它可以和任何材质与贴图配合使用。

（3）光线跟踪：不但具备了标准材质的所有特性，还可以建立真实的反射和折射效果，但会导致渲染速度变慢。

（4）双面：它可以为面片的两个表面赋予不同的材质，此时面片的两个表面均可见。此材质一般在无厚度的对象上使用。

（5）合成：合成材质是先确定一种材质作为基础材质，然后再选择其他类型的材质与基本材质进行组合的混合材质。

（6）壳材质：壳材质用于纹理烘焙。使用"渲染到纹理"烘焙材质时，其将创建包含两种材质的壳材质，分别是在渲染中使用的原始材质和烘焙材质。烘焙材质是通过"渲染到纹理"操作保存到磁盘的位图，该材质将烘焙附加到场景中的对象上。

（7）外部参照材质：外部参照材质能够使用户在另一个场景文件中从外部参照某个应用于对象的材质。对于外部参照对象，材质驻留在单独的源文件中，可以仅在源文件中设置材质属性。当在源文件中改变材质属性然后保存时，在包含外部参照材质的主文件中，材质的外观可能会发生变化。

（8）多维/子对象：将多种材质分别指定给同一个对象的不同子对象，从而使一个对象具有多种材质。一般情况下需要和编辑修改器结合使用，在对象的"面"子对象级中分别为对象的面指定不同的材质 ID 号，然后根据 ID 号把子对象材质赋予不同的面。

（9）建筑：建筑材质的设置是物理属性，因此当与光度学灯光和光能传递一起使用时，能够提供最逼真的效果。借助这种功能组合，可以创建精确性很高的照明场景。

（10）标准：是系统默认的传统材质类型，在 3D Studio 中它已经存在，对于一般的对象我们使用标准材质即可得到比较优质的效果。

（11）混合：将两种不同的材质混合在一起，然后根据混合度的不同，控制两种材质在对象表面的显现强度。另外，还可以指定一幅图像作为混合材质的"遮罩"，然后以该图像自身的明暗程度决定两种不同材质的混合程度。在三维设计表现图的创作过程中，一般利用混合材质制作带有地花的地面。

（12）虫漆：将两种不同的材质通过一定的比例进行叠加，从而形成一种复合材质。

（13）顶/底：将两种不同的材质分别赋予一个对象的顶部和底部，使同一个对象具有两种不同的材质。在顶部、底部材质的交界处用户可以调节产生浸润效果。

5.4.2 基本材质实例

5.4.2 基本材质
实例

本节通过典型的实例介绍材质的基本制作、调节方法以及材质的基本属性。

（光盘：动画演示\第 5 章\基本材质实例.avi）

（1）选择菜单栏中的"3DS"→"打开"命令，打开本书配套光盘中提供的"源文件\第 7 章\基本材质\Kele.Max"场景文件，如图 5-55 所示。

图 5-55 场景文件

（2）按 M 键或者单击主工具栏上的"材质编辑器"按钮█，打开材质编辑器。在材质样本窗口中选择一个空白的材质球，再确定选中场景中的可乐罐模型，单击控制栏上的"在视口中显示标准贴图"按钮█（或者是把材质球拖曳到可乐罐上），将材质赋予可乐罐。这时，材质样本窗口四边出现小三角形，表示此材质为同步材质。

（3）在材质编辑器中单击材质名称窗口右侧的"材质类型"按钮，打开"材质/贴图浏览器"面板，在子面板中双击"多维/子对象"材质，如图 5-56 所示。此时打开"替换材质"对话框，如图 5-57 所示。在该对话框中选中"将旧材质保存为子材质"单选按钮，表示保留旧的材质。

图 5-56 选择"多维/子对象"材质

图 5-57 "替换材质"对话框

（4）选择保留旧的材质后，展开"多维/子对象基本参数"卷展栏，如图 5-58 所示。单击"设置数量"按钮，打开"设置材质数量"对话框，如图 5-59 所示。在"材质数量"文本框中输入数值 2，然后单击"确定"按钮，打开由两种材质组成的"多维/子对象材质"参数面板。

图 5-58 "多维/子对象基本参数"卷展栏

图 5-59 设置材质数量

（5）选择可乐罐，单击"修改"按钮，进入"修改"面板，在"修改器列表"下拉列表框中选择"可编辑网格"选项，在"可编辑网格"列表框中选择"多边形"选项，或者在"选择"卷展栏中单击"多边形"按钮，如图 5-60 所示。然后在前视图中选择可乐罐的中间部分（红色表示被选中），如图 5-61 所示。

（6）进入"修改"面板，展开"曲面属性"卷展栏，在"设置 ID"文本框中输入数值 2，如图 5-62 所示。

图 5-60 展开"修改"面板　　　图 5-61 选中可乐罐中间部分　　　图 5-62 设置 ID 号

（7）保持可乐罐中间部分的选择，选择菜单栏中的"编辑"→"反选"命令，如图 5-63 所示。这时，系统将自动选择可乐罐的其余部分，在视图上如图 5-64 所示。然后再次进入"修改"命令面板，展开"曲面属性"卷展栏，在"设置 ID"文本框中输入数值 2。

因为可乐罐的材质分两个部分，所以需要设置两种不同的材质作为可乐罐的表面贴图，用户必须把可乐罐的表面 ID 号和"多重/子对象材质"的 ID 号设置为一致。

（8）回到"多维/子对象"材质设置面板，进入 ID 号为 1 的物体材质中，并命名子物体材质为 Kele1。在 Kele1 的材质设定中，保持系统默认的 Blinn 明暗方式，Blinn 的基本属性设置参数如图 5-65 所示。

图 5-63 选择反选　　　　　　　图 5-64 反选可乐罐其余部分

（9）在"贴图"卷展栏中单击"漫反射颜色"通道右侧的"无"按钮，在弹出的"材质/贴图浏览器"面板中选择"位图"选项，如图 5-66 所示。然后在弹出的"选择位图图像文件"对话框中选择配套光盘中的"源文件\第 7 章\基本材质\可乐.jpg"图像。

图 5-65　基本属性设置参数

图 5-66　选择位图贴图类型

（10）展开"贴图"卷展栏，单击"反射"通道右侧的"无"按钮，打开"材质/贴图浏览器"对话框，双击"反射"贴图类型，进入"光线跟踪"材质的编辑面板，保持系统的默认参数不变。

（11）单击控制工具栏上的"转到父对象"按钮 ，回到其父级材质 Kele1 的编辑面板中。展开"贴图"卷展栏，在"反射"通道右侧的文本框中输入反射材质的数值为 15，如图 5-67 所示。调节完这些设置后，双击 Kele1 的材质样本窗口，观察其材质，如图 5-68 所示。

（12）编辑完 Kele1 材质后，在材质样本窗口中选择另外一个空白材质球，并重命名为 Kele2。然后进行 Kele2 的材质设定，展开"明暗器基本参数"卷展栏，在"明暗器基本参数"下拉列表框中选择"金属"的明暗方式，其基本属性设置参数和贴图通道设置分别如图 5-69 和图 5-70 所示，其余保持默认设置。

图 5-67　贴图面板参数设置

图 5-68　Kele1 材质效果

图 5-69 Kele2 基本参数设置

图 5-70 Kele2 贴图通道设置

（13）由于在渲染图中能看到可乐罐的内壁，所以应该把可乐罐的材质设置为双面材质。在材质编辑器中单击 Kele1 名称窗口右侧的材质类型按钮，在打开的"材质/贴图浏览器"面板中双击"双面"材质，如图 5-71 所示。

（14）在打开的"替换材质"对话框中选中"将旧材质保存为子材质"单选按钮，保留 Kele1 的材质。双面材质的面板如图 5-72 所示，分为正面材质和背面材质。

图 5-71 选择双面材质

图 5-72 双面材质面板

（15）把先前设定的 Kele2 材质，从样本材质窗口用鼠标拖曳到双面材质面板中"背面材质"后面的"无"按钮上，表示作为双面材质的背面材质，也就是 Kele1 的内壁材质。在打开的对话框中选中"复制"单选按钮，表示复制 Kele2 材质，如图 5-73 所示。

（16）进入复制的 Kele2 材质编辑面板，将其重命名为"内壁"。进入"内壁"材质，展开"贴图"卷展栏。单击"漫反射"通道的"衰减"贴图，把"衰减"基本参数设定中的白色颜色框的颜色调整为图 5-74 所示的灰色，其余参数设置保持默认不变。

（17）单击控制工具栏上的"转到父对象"按钮 ，回到其顶级材质"多维/子对象"编辑面板中，再把先前设定的 Kele2 材质从样本材质窗口用鼠标拖曳到"多维子对象"材质面板中 ID2 对应的按钮中，在打开的"实例（副本）材质"对话框中选择"关联"实例方式，表示关联 Kele2 材质。这时的"多维/子对象"材质面板如图 5-75 所示。调节完这些设置后，双击多重材质的材质样本窗口，观察其材质，如图 5-76 所示。

图 5-73　选择复制方式

图 5-74　参数设置

图 5-75　"多维/子对象"材质面板

（18）单击"多维/子对象材质"工具栏上的"材质/贴图导航器"按钮 ，打开"材质/贴图导航器"，观察"多维/子对象"的材质结构，如图 5-77 所示。可单击导航器中任何层级的材质，直接进入该材质的编辑面板对其进行调整。

（19）在材质样本窗口中选择一个空白材质球赋予场景中的球体，并将其重命名为"球"。球的材质设定中基本属性设置参数如图 5-78 所示。

图 5-76　多维/子对象材质球

图 5-77　观察"多维/子对象"

图 5-78　各向异性基本材质参数

（20）展开"贴图"卷展栏，单击"漫反射颜色"通道右侧的"无"按钮，在弹出的"材质/贴图浏览器"对话框中选择"位图"选项，选择配套光盘中的"源文件\第 7 章\基本材质\1.jpg"图像。按照上述方法，为"自发光"通道和"反射"通道分别加载"衰减"和"光线跟踪"贴图，此时"贴图"卷展栏的设置如图 5-79 所示。

图 5-79　"贴图"卷展栏设置

（21）在"贴图"卷展栏中单击"自发光"通道中的"衰减"贴图按钮，进入"衰减"材质编辑面板，把"衰减"基本参数设定中的白色颜色框的颜色调整为图 5-80 所示的灰色，其余参数设置保持默认不变。

（22）回到"球"材质编辑面板，展开"贴图"卷展栏，单击"反射"通道的"光线跟踪"贴图按钮，进入"光线跟踪器参数"面板。在"背景"选项组中选择使用贴图方式，即单击"无"按钮，在打开的"材质/贴图浏览器"对话框中双击"位图"贴图类型。然后，在打开的"选择位图图像文件"对话框中选择配套光盘中的"源文件\第 7 章\基本材质\Lakerem.jpg"图像。"光线跟踪器参数"面板的其余设置保持系统的默认状态，如图 5-81 所示。

图 5-80 "衰减"参数设置

图 5-81 "光线跟踪器"参数设置

（23）"球"材质到此已编辑完毕，回到其顶级材质的编辑面板中，单击工具栏上的"材质/贴图导航器"按钮，打开"材质/贴图导航器"，观察"球"的材质结构，如图 5-82 所示。双击"球"的材质样本窗口，观察其材质，如图 5-83 所示。

（24）在材质样本窗口中选择一个空白材质球分别赋予场景中的地板和墙壁，并将其重命名为"面片"。

（25）Blinn 基本参数和贴图通道的设置如图 5-84 和图 5-85 所示。

图 5-82 球材质结构

图 5-83 球材质效果

图 5-84 面片基本参数设置

（26）选中场景中的可乐罐，单击"修改"按钮，进入"修改"面板，在"修改器列表"下拉列表框中选择"UVW 贴图"命令。在"参数"卷展栏中选择贴图方式为"柱形"，并在下方的长度、宽度、高度文本框中调整数值，如图 5-86 所示。调整的数值应该使贴图方式符合可乐罐的长、宽和高，如图 5-87 所示。

（27）场景中各个模型的材质均已设置完毕，回到场景视图中，单击主工具栏中的"渲染设置"按钮，设定渲染图像的尺寸大小为 800×600 像素，其余设置保持系统默认状态，然后单击"确定"按钮退出渲染场景编辑。

（28）激活摄像机视图，进行渲染。单击主工具栏上的"渲染产品"按钮，最后的渲染效果如图 5-88 所示。

图 5-85　面片贴图通道设置

图 5-86　贴图参数设置

图 5-87　贴图方式符合可乐罐

图 5-88　最后渲染效果

5.5　贴图技术

贴图是继材质之后又一个增强物体质感和真实感的强大技术。可以说，即使是很蹩脚的模型，如果能对其很好地进行贴图处理，它的效果就会得到很大改观，所以读者应对贴图给予足够的重视。

5.5.1　透明贴图处理

透明贴图是运用"透明"通道处理贴图的方法，该通道是根据贴图的图像或者程序贴图的灰度值来影响贴图的透明效果。灰度值为白色时不透明；灰度值为黑色时全透明；灰度值为灰色时，根据数值显示半透明。下面通过实例介绍贴图的应用。

（光盘：动画演示\第 5 章\透明贴图处理.avi）

（1）选择菜单栏中的"3DS"→"打开"命令，打开本书配套光盘中提供的"源文件\第 7 章\贴图技术\透明贴图\Opacity.Max"场景文件。此文件的基本材质和灯光已经设定好了，使用光能传递系统渲染摄像机视图，效果如图 5-89 所示。

5.5.1　透明贴图处理

（2）现在需要给场景增加一个大窗户。这次用到的不是建模的方式，而是用材质制作窗户。实际上就是给所选定的物体赋予漫反射贴图和透明贴图。

首先，需要准备两张窗户的图片，其中一张就是用户想要的窗户图片，3ds Max 所支持的格式都可以，如 jpg、tiff、bmp、gif、png、tga 等；另外一张是同一张窗户图片的黑白图片，这需要在 Photoshop 中处理，只要黑白两色，因为在 3ds Max 中黑色是透明的，白色是不透明的。图 5-90 所示，黑白图片"Window.jpg"将用于 Opacity 通道贴图。

（3）单击主工具栏上的"材质编辑器"按钮，打开材质编辑器，选择一个空白的材质球，将材质命名为"窗"。然后确定选中场景中的墙壁模型，将窗材质赋予它。

图 5-89　渲染效果

图 5-90　窗户的黑白图片

（4）在"贴图"卷展栏中单击"漫反射颜色"通道右侧的"无"按钮，打开"材质/贴图浏览器"，在浏览器中选择"位图"贴图类型，打开本书配套光盘提供的"源文件\材质和渲染输出\贴图技术\透明贴图\Window1.tif"贴图。

（5）进入位图编辑面板，展开"位图参数"卷展栏，在"修剪/放置"选项组中选中"应用"复选框，然后单击"查看图像"按钮，打开位图文件的编辑区。用鼠标拖曳编辑区的选择框，直到如图 5-91 所示大小，表示此位图文件只应用于选择框中的部分。

（6）单击"转到父对象"按钮，回到上一级控制面板，观察指定窗户材质后的效果，渲染摄像机视图，发现并没有产生透明效果，如图 5-92 所示。

图 5-91　选择图像应用部分

图 5-92　指定窗户材质后的渲染效果

（7）添加透明效果。展开"贴图"卷展栏，单击"不透明度"通道右侧的"无"按钮，打开"材质/贴图浏览器"，在浏览器中选择"位图"贴图类型，打开本书配套光盘提供的"源文件\材质和渲染输出\贴图技术\透明贴图\Window.jpg"贴图文件。然后按照步骤（5）的方法编辑图像的应用区域。

（8）渲染图像，观察添加透明贴图的效果，渲染摄像机视图，发现透明效果已经出来了，地板已经可以反射出窗户镂空区域的效果了。但是认真观察发现，由于场景中设置的背景色为黑色，所以黑色的区域实际上才是透明的，如图 5-93 所示。

（9）进入"位图"编辑面板，展开"输出"卷展栏，选中"反转"复选框，表示将位图的黑白颜色反转过来，如图 5-94 所示。

图 5-93　添加透明贴图后的渲染效果　　　　图 5-94　反转图像黑白

（10）给场景加入背景。按 F8 键或者选择菜单栏中的"渲染"→"环境"命令，弹出"环境和效果"对话框，展开"公用参数"卷展栏，选中"使用贴图"复选框，并单击"无"按钮，进入"材质/贴图浏览器"，在浏览器中选择"位图"的贴图方式。

（11）单击环境编辑器中的"材质贴图"按钮（就是刚才所选择的"无"按钮），把它拖曳到材质编辑器中的一个空白材质样本窗口中，并选择"关联"的方式进行复制。然后在材质编辑器中编辑背景贴图的参数，如图 5-95 所示。

图 5-95　编辑背景图像

（12）单击"创建"按钮，进入"创建"面板，然后单击"系统"按钮，在其"对象类型"卷展栏中单击"日光"按钮，在场景中创建一个日光，如图 5-96 所示，产生室外日光照射效果。

图 5-96　加入日光照射效果

（13）选中日光，单击"运动"按钮 ，进入"运动"面板，设置日光的位置和方向，使它从窗外朝内照射，如图 5-97 所示。

（14）切换到日光的"修改"面板，设置日光的阴影属性。在"阳光参数"卷展栏中选择阴影类型为"光线追踪阴影"，使其产生透明的阴影效果。然后展开"阴影参数"卷展栏，在"密度"文本框中输入数值 0.8，如图 5-98 所示。

（15）给模拟窗户加上玻璃。创建一个和窗户一样大小的模型，和窗户重合在一起。然后在材质编辑器中选择一个空白材质球，将其重命名为"玻璃"，并把"玻璃"材质赋予刚创建的模型。

（16）编辑"玻璃"材质，其明暗方式和基本参数设置如图 5-99 所示。展开"贴图"卷展栏，为反射通道添加数值为 40 的"光线追踪"贴图类型，如图 5-100 所示，其余设置保持系统默认状态不变。

图 5-97　日光位置方向设置　　图 5-98　日光阴影属性设置　　图 5-99　玻璃基本参数设置

（17）回到窗材质，在"明暗器基本参数"卷展栏中设置窗户材质为双面材质，如图 5-101 所示。

图 5-100　贴图卷展栏通道设置　　　图 5-101　设置窗户材质为双面材质

（18）整体场景已经设置完毕，激活摄像机视图，进行快速渲染，效果如图 5-102 所示。

图 5-102　最后渲染效果

5.5.2　置换贴图处理

置换贴图是一个特殊的贴图通道，贴图产生的效果和凹凸贴图在视觉上相似。不同的是，凹凸贴图是像平面软件一样通过明暗来模拟凹凸的纹理，产生视觉上虚幻的凹凸效果；而置换贴图是根据贴图的灰度值和精度在模型上进行真正的挤压或拉伸，产生新的几何体，改变了模型的形状。

本实例学习使用置换贴图制作真实的模型凹凸效果，完成一个床垫表面凹凸材质的模拟。

（光盘：动画演示\第 5 章\置换贴图.avi）

（1）选择菜单栏中的"3ds"→"打开"命令，打开本书配套光盘中提供的"源文件\第 7 章\贴图技术\置换贴图\Displacement.Max"场景文件。此文件的基本材质和灯光已设定好，快速渲染摄像机视图，效果如图 5-103 所示。

5.5.2　置换贴图

（2）为床垫设置材质。打开材质编辑器，选择一个空白的材质球，将材质命名为"床"。然后确定选中场景中的床垫模型，将床材质赋予它。

（3）展开"贴图"卷展栏，单击"置换"通道右侧按钮，打开"材质/贴图浏览器"，双击"位图"类型，打开本书配套光盘提供的"源文件\材质和渲染输出\贴图技术\置换贴图\床-zt.jpg"贴图文件。

（4）选定床垫模型，单击"修改"按钮，进入"修改"面板，在"修改器列表"下拉列表框中选择"UVW 贴图"选项。在"参数"卷展栏中选择贴图方式为"平面"，如图 5-104 所示。调整坐标贴图的长和宽，直到符合床垫的大小比例为止，在场景中如图 5-105 所示。

图 5-103　原始场景渲染效果

图 5-104　添加"UVW 贴图"

图 5-105　使坐标符合床垫比例

（5）观察指定置换材质后的效果。渲染摄像机视图，发现模型已经发生了变化，说明置换贴图已经起作用了，如图 5-106 所示。

（6）从渲染效果来看，床垫的 6 个面都贴了一张图，而我们主要是为床垫的表面做贴图效果，因此需要为模型表面设定不同的 ID 号，从而指定不同的贴图。

（7）单击"修改"按钮，进入"修改"面板，然后在"可编辑网格"列表框中选择"多边形"选项，如图 5-107 所示。

（8）在视图上选择床垫模型的上部表面，如图 5-108 所示。

图 5-106　添加置换贴图效果　　　图 5-107　进入多边形编辑　　　图 5-108　选择模型表面

（9）展开"曲面属性"卷展栏，在材质 ID 号文本框中输入数值 1，如图 5-109 所示。然后选择菜单栏中的"编辑"→"反选"命令，反选子物体的表面，在材质 ID 号文本框中输入数值 2。

（10）给床垫添加"多维/子对象"材质，单击"转到父对象"按钮，返回上一层级床材质控制面板，单击材质名称窗口右侧的"材质类型"按钮，在"材质/贴图浏览器"中双击"多维/子对象"材质，如图 5-110 所示。

（11）打开"替换材质"对话框，选中"将旧材质保存为子材质"单选按钮，表示保留原有的材质。

图 5-109　设置 ID 号

（12）在"多维/子对象"多重材质编辑面板中，单击"设置数量"按钮，设置子物体层级数目为 2。

（13）编辑"多维/子对象"的 1 号材质。单击 1 号材质，进入床材质控制面板，展开"贴图"卷展栏，在"置换"后面的数值文本框中输入数值 25。

（14）观察修改置换强度后的效果。渲染摄像机视图，发现置换贴图效果已经变得缓和，如图 5-111 所示。

（15）提高置换精度。在"修改"面板上添加"置换近似"命令，在其"细分预设"栏中选择"高"对其进行高级细分，如图 5-112 所示。

（16）观察添加"置换近似"修改命令后的效果。渲染摄像机视图，得到更加细腻的置换逼真效果，如图 5-113 所示。

（17）给床垫指定布纹贴图。在"贴图"卷展栏中单击"漫反射颜色"通道右侧的"无"按钮，在弹出的"材质/贴图浏览器"对话框中双击"位图"类型，打开配套光盘所提供的"源文件\材质\258697-B036-embed.jpg"贴图。

图 5-110　选择"多维/子对象"材质　　图 5-111　修改置换强度后的效果　　图 5-112　选择高级细分

（18）进入"多维/子对象"的 2 号材质的编辑面板，为其漫反射通道添加同样的贴图。

（19）设置床材质以及"多维/子对象"的 2 号材质的明暗方式和材质基本参数，如图 5-114 所示。

（20）观察指定贴图后的效果。激活摄像机视图，进行快速渲染，效果如图 5-115 所示。

图 5-113　设置细分逼真后的效果　图 5-114　设置明暗方式和材质基本参数　　图 5-115　最终渲染效果

由于置换贴图是对模型的凹凸进行真正的修改，因此模型一定要先进行网格编辑之类的命令，置换命令才会起作用。另外，它是作用于对象表面的每一个三角面，如果对象表面的网格编辑过于复杂，会使渲染时占用更多的内存资源，使渲染时间加长。

第6章

建立大酒店3ds Max立体模型

■ 本章讲解室内效果图制作流程中建立3ds Max 2016立体模型的过程。通过介绍大酒店室内建模的制作方法和具体过程，读者将掌握如何在AutoCAD的基础上准确建模和建模中的一些重要技巧。

6.1　建立大堂立体模型

本节主要介绍宾馆大堂立体模型的具体制作过程和一些模型制作技巧。

（光盘：动画演示\第 6 章\建立大堂立体模型.avi）

6.1　建立大堂立体
模型

6.1.1　导入 AutoCAD 模型并进行调整

（1）运行 3ds Max 2016。

（2）选择菜单栏中的"自定义"→"单位设置"命令，在弹出的"单位设置"对话栏中设置计量单位为"毫米"，如图 6-1 所示。

（3）选择菜单栏中的"3ds"→"导入"命令，在弹出的"选择要导入的文件"对话框的"文件类型"下拉列表中选择"原有 AutoCAD（*.DWG）"选项，并选择本书配套光盘中的"源文件\CAD\施工图\大堂.dwg"文件，再单击"打开"按钮，如图 6-2 所示。

图 6-1　设置计量单位

图 6-2　导入 AutoCAD 文件

（4）在弹出的"导入选项"对话框中的"层"选项卡和"几何体"选项卡中设置相关参数，将多余选项的勾选取消，并把导入的计量单位和 3ds Max 的计量单位统一为"毫米"，如图 6-3 所示。在对话框中，如果勾选的参数过多，会增加导入文件的大小和导入的时间。

（5）单击"确定"按钮，把 DWG 文件导入 3ds Max 中。

（6）对导入的 DWG 文件进行分析，了解导入的 DWG 模型中的大堂平面图、顶棚图、立面图的结构。然后，检查 DWG 模型，把多余的线条信息删除，只留下在 3ds Max 中建模时用到的线条信息，如墙体、窗、门柱、家具位置等，而尺寸标注、文字标注、图案、填充线、辅助线等可以在选择后按下 Delete 键进行删除。进行简化后，大堂的平面图如图 6-4 所示。

（7）单击主工具栏中的"按名称选择"按钮 ，分别框选 DWG 文件中的大堂平面图、顶棚图、立面图 B、立面图 C 和立面图，然后选择菜单栏中的"组→组"命令把它们分别进行成组。

（8）为了利于在 3ds Max 中准确建模，为成组后的 DWG 文件选择一种醒目的颜色。在"修改"面板中单击该组的颜色属性框，如图 6-5 所示，打开"对象颜色"对话框。然后，在对话框中选择相应的颜色并单击"确定"按钮，如图 6-6 所示。

图 6-3　AutoCAD DWG/DXF 导入选项

图 6-4　简化后的大堂平面图

图 6-5　选择颜色属性框

图 6-6　选择组的颜色属性

6.1.2　建立完整的大堂模型

1. 建立大堂基本墙面

（1）单击"视口导航控件"工具栏中的"缩放"按钮，把大堂的平面图放大到整个视图。然后，鼠标右键单击主工具栏中的"捕捉开关"按钮，在弹出的"栅格和捕捉设置"对话框中按照如图 6-7 所示进行设置。然后关闭对话框，并用鼠标左键单击主工具栏中的"捕捉开关"按钮，打开捕捉设置。

（2）在顶视图中，单击"创建"按钮，进入"创建"面板，单击"图形"按钮，在"对象类型"卷展栏中单击"线"按钮，如图 6-8 所示。然后，捕捉 DWG 文件中的墙体边缘线，绘制一条连续的线条，如图 6-9 所示。

图 6-7　设置捕捉选项

图 6-8　选择线按钮

图 6-9　绘制墙体线条

（3）选择绘制的线条，单击"修改"按钮 ，进入"修改"面板。在"Line"列表框中选择"样条线"选项，或者在"选择"卷展栏中单击"样条线"按钮，如图 6-10 所示。

（4）在"几何体"卷展栏中单击"轮廓"按钮，在"数量"文本框中输入数值-250.0，然后按 Enter 键确定，使墙壁线条成为封闭的双线。

（5）单击"修改"按钮，进入"修改"面板，在"修改器列表"的下拉列表中选择"挤出"选项，在其"参数"卷展栏中的"数量"文本框中输入数值 3400.0，拉伸的墙壁效果在透视图中如图 6-11 所示。

图 6-10　选择线条编辑命令

图 6-11　墙壁拉伸效果

（6）单击"创建"按钮，进入"创建"面板，然后单击"几何体"按钮，在其"对象类型"卷展栏中，单击其中的"长方体"按钮，在顶视图中创建一个"长度""宽度"和"高度"分别为 7600.0mm、250.0mm 和 3400.0mm 的墙壁 2，为大堂和休息室及储藏室之间的墙壁，其在顶视图中的具体位置如图 6-12 所示。

2．建立大堂 B 立面的门窗

（1）在前视图内选择 DWG 文件中的 B 立面图。单击主工具栏中的"选择并旋转"按钮，在弹出的"旋转变换输入"对话框中输入如图 6-13 所示的数值，再按 Enter 键进行确定，这时，B 立面图会按 x 轴方向旋转 90º。

图 6-12　墙壁 2 的位置

图 6-13　输入 x 轴旋转数值

（2）调整 B 立面图的坐标位置，使它如图 6-14 所示。选择其他的 DWG 文件图，在视图中单击鼠标右键，在弹出的右键菜单中选择"冻结当前选择"命令，把它们分别进行锁定。

图 6-14　B 立面图的坐标位置

（3）由于 B 立面墙面上大部分面积为铝合金窗，以给大堂带来大面积采光，因此需要删除创建的大堂的 B 面墙壁。选择墙壁，在视图中单击鼠标右键，在弹出的右键菜单中选择"转换为/转换为可编辑网格"命令。

（4）单击"修改"按钮 ，进入"修改"面板，在"可编辑网格"列表框中选择"多边形"选项，或者在"选择"卷展栏中单击"多边形"按钮 ，如图 6-15 所示，被选中的面显示为红色，如图 6-16 所示。

图 6-15　选择多边形编辑命令

图 6-16　选择 B 立面墙壁

（5）在"编辑几何体"卷展栏中单击"删除"按钮，把 B 立面墙壁删除。

（6）建立挂黑金砂花岗石板装饰的大门门框。鼠标右键单击主工具栏中的"捕捉开关"按钮 ，打开捕捉设置，然后单击"创建"按钮 ，进入"创建"面板，接着单击"图形"按钮 ，在其"对象类型"卷展栏中单击其中的"线"按钮。在前视图捕捉 B 立面图中花岗石门框的线条绘制一条连续的线段，如图 6-17 所示。

（7）单击"修改"按钮 ，进入"修改"面板，在"修改器列表"的下拉列表中选择"挤出"选项，并在其"参数"卷展栏的"数量"文本框中输入数值 250.0mm，按下 Enter 键进行确定，这样花岗石大门就被拉伸出来了。

（8）建立不锈钢大门门框。在前视图中单击"创建"按钮 ，进入"创建"面板，然后单击"图形"按钮 ，在其"对象类型"卷展栏中单击其中的"矩形"按钮。结合主工具栏中的"捕捉开关"按钮 ，绘制不锈钢门框的线段。

（9）选择绘制的线条，然后单击"修改"按钮 ，进入"修改"面板，在"可编辑样条线"列表框中选择"样条线"选项，或者在"选择"卷展栏中单击"样条线"按钮 ，进入线编辑模式。

（10）在其"参数"卷展栏的"轮廓"文本框中输入数值 60mm，并按 Enter 键进行确定，使门框线条成为封闭的双线。

（11）按住 Shift 键拖动"门"线条，在弹出的"克隆选项"对话框中点选"关联"选项，并在"复制数量"的文本框中输入数值 3，单击确定按钮进行复制。这样，就复制出另外 3 个门框线条。"克隆选项"对话框的具体设置如图 6-18 所示。

图 6-17　绘制花岗石门框线条　　　　　图 6-18　"克隆选项"对话框

（12）调整 3 个复制的不锈钢门框的位置，使它们和 DWG 文件中 B 立面图的门框位置一致，如图 6-19 所示。

（13）选择其中任意一个不锈钢门框，单击"修改"按钮 ，进入"修改"面板，在"修改器列表"的下拉列表中选择"挤出"命令，并在其"参数"卷展栏的"数量"文本框中输入数值 20.0mm，按下 Enter 键进行确定，4 个不锈钢门框就被拉伸出来了。

（14）创建大门门框的不锈钢边框。单击"创建"按钮 ，进入"创建"面板，然后单击"几何体"按钮 ，在其"对象类型"卷展栏中，单击其中的"长方体"按钮，接着单击主工具栏中的"捕捉设置"按钮 ，在前视图中创建 1 个和 DWG 文件中 B 立面图的不锈钢边框位置一致的长方体，最后按住 Shift 键拖动它关联复制出 3 个同样的长方体边框，放在视图中适当的位置。这时，大门在透视图中的门框效果如图 6-20 所示。

图 6-19　调整不锈钢门框的位置　　　　　图 6-20　大门的门框效果

（15）制作大门的钛金拉手。单击"视口导航空间"工具栏中的"缩放"按钮 ，在前视图中框选 DWG 文件中的大门拉手线段，将其放大到整个视图以便操作。然后，单击"创建"按钮 ，进入"创建"面板，接着单击"图形"按钮 ，在其"对象类型"卷展栏中单击其中的"线"按钮，根据拉手立面图绘制一条线段。

（16）单击"创建"按钮，进入"创建"面板，然后单击"图形"按钮，在其"对象类型"卷展栏中，单击其中的"圆"按钮，在前视图中绘制一个圆形。大门拉手线段和圆形如图 6-21 所示。

（17）单击"创建"按钮，进入"创建"面板，接着单击"几何体"按钮，在其下拉列表中选择"复合对象"类型，在其"对象类型"卷展栏中单击"放样"按钮，选择在前视图中绘制的大门拉手线段后，如图 6-22 所示。

图 6-21　绘制大门拉手线段和圆形

图 6-22　选择放样命令

（18）单击"创建方法"卷展栏中的"获取路径"按钮，接着在前视图中单击绘制的圆形，创建一个以大门拉手为基本路径、圆形为半径的轮廓。

（19）选择调整后的大门拉手，单击主工具栏中的"镜像"按钮，在弹出的"镜像：屏幕坐标"对话框中设置按 x 轴关联复制，如图 6-23 所示。

（20）把镜像后得到的另一个大门拉手放在适当的位置，然后再复制出另外一对大门拉手。最后，大门拉手在前视图中如图 6-24 所示。

图 6-23　设置镜像对话框

图 6-24　大门拉手的效果

（21）创建大堂 B 立面的窗框。单击"创建"按钮，进入"创建"面板，然后单击"图形"按钮，在其"对象类型"卷展栏中，单击其中的"矩形"按钮，最后，在前视图中单击主工具栏中的"捕捉开关"按钮，根据 B 立面图绘制窗框形状，如图 6-25 所示。

窗框是由多个矩形组成的，当绘制完一个矩形时，取消"开始新图形"前的勾选，再进行下一个矩形的绘制。这样，绘制的矩形就会相互关联成一组。另外，在绘制的过程中，使窗框的矩形线段相交。

（22）选择绘制的窗框矩形，单击"修改"按钮 ，进入"修改"面板，在"可编辑样条线"列表框中选择"样条线"选项，或者在"选择"卷展栏中单击"样条线"按钮 ，进入线编辑模式。然后，单击"几何体"卷展栏中的"修剪"按钮，在前视图中把矩形相交部分的线段进行剪切，如图 6-26 所示。

图 6-25　绘制窗框矩形

图 6-26　剪切相交的矩形线段

（23）剪切完相交的矩形线段后，在"选择"卷展栏中单击"顶点"按钮 ，进入点编辑模式。然后，在前视图中框选矩形所有的点，单击"几何体"卷展栏中的"焊接"按钮，对这些点进行焊接。

（24）单击"修改"按钮 ，进入"修改"面板，在"修改器列表"的下拉列表中选择"挤出"选项，拉伸矩形线段，在其"参数"弹出菜单的"数量"文本框中输入数值 30.0mm，这时窗框就被拉伸出来了。

（25）单击"创建"按钮 ，进入"创建"面板，然后单击"图形"按钮 ，在其"对象类型"卷展栏中，单击其中的"线"按钮，最后结合主工具栏中的"捕捉开关"按钮 ，在前视图中根据 B 立面图绘制窗玻璃整体形状，如图 6-27 所示。

图 6-27　绘制窗玻璃整体线段

为了节省模型的面数，以便于以后导入 V-RAY 中进行渲染设置，所以没有分别为每一个窗框单独创建窗户玻璃，而是整体地创建一个大的形体。

（26）单击"修改"按钮 ，进入"修改"面板，在"修改器列表"的下拉列表中选择"挤出"选项，拉伸窗玻璃线段，在其"参数"弹出菜单的"数量"文本框中输入数值 10.0mm。

把拉伸出来的窗玻璃位置调整到窗框的中央。大堂 B 立面的门窗效果如图 6-28 所示。

图 6-28　大堂 B 立面门窗效果

3. 创建大堂 B 立面的墙体

（1）创建 B 立面玻璃窗户左面的墙体。单击"创建"按钮，进入"创建"面板，然后单击"几何体"按钮，在其"对象类型"卷展栏中单击其中的"长方体"按钮，最后在前视图中结合主工具栏中的"捕捉开关"按钮，创建一个长方体，在其"长度""宽度""高度""长度段数"后面的"数量"文本框内分别输入数值 3400.0mm、2560.0mm、250.0mm 和 9，并调整它将其放在适当的位置。

（2）选择刚创建的墙体，单击鼠标右键，在弹出的右键菜单中选择"转换为/转换为可编辑网格"命令。

（3）单击"修改"按钮，进入"修改"面板，在"可编辑样条线"列表框中选择"顶点"选项，或者在"选择"卷展栏中单击"顶点"按钮，进入点编辑模式。框选图 6-29 所示的两个点，单击主工具栏中的"选择并移动"按钮，在弹出的"移动变换输入"对话框中设置点向 y 轴方向移动 350.0mm，如图 6-30 所示。

图 6-29　选择节点

图 6-30　设置移动数值

（4）按下 Enter 键进行确定，这时选择的节点和线段向上移动 350.0mm。依次选择其他的节点，用同样的方法移动它们的位置，最后使它们和立面图墙体线的位置相一致，如图 6-31 所示。

图 6-31　调整节点的位置

（5）单击"修改"按钮，进入"修改"面板，在"可编辑样条线"列表框中选择"多边形"选项，或者在"选择"卷展栏中单击"多边形"按钮，选择如图 6-32 所示的面，被选中的面显示为红色。

图 6-32　选择面

（6）展开"编辑多边形"卷展栏，单击"挤出"按钮，在挤出多边形的"高度"文本框中输入数值 -40.0，然后按 Enter 键进行确定，这样就制作出墙面的分缝。依次选择其余 3 个面，用同样的方法做出墙面的分缝。

（7）制作大堂柱体。单击"创建"按钮，进入"创建"面板，然后单击"图形"按钮，在其"对象类型"卷展栏中单击其中的"线"按钮，最后在前视图中结合主工具栏中的"捕捉开关"按钮，绘制柱体底部的侧面曲线，如图 6-33 所示。

（8）单击"创建"按钮，进入"创建"面板，然后单击"图形"按钮，在其"对象类型"卷展栏中单击其中的"矩形"按钮，在顶视图中创建一个"长度"和"宽度"都为 820.0mm 的矩形。

（9）单击"修改"按钮，进入"修改"面板，在"修改器列表"的下拉列表中选择"倒角剖面"选项，在其"参数"卷展栏中单击"拾取剖面"按钮，拾取在前视图中的柱体侧面曲线，完成柱体底部的创建，如图 6-34 所示。

图 6-33　绘制柱体底部曲线

图 6-34　创建的柱体基座

（10）使用和制作柱体基座同样的方法，制作柱头和基本的柱身。如果使用"斜面"命令创建的形体的宽度出现误差时，可以在修改面板中展开"倒角剖面"的子列表，使剖面 Gizmo 选项被激活。这时，在前视图上通过移动 x 轴能灵活调整形体的宽度，如图 6-35 所示。

图 6-35　调整形体的宽度

（11）单击"创建"按钮，进入"创建"面板，接着单击"几何体"按钮，在其"对象类型"卷展栏中单击其中的"长方体"按钮，结合主工具栏中的"捕捉开关"按钮，创建一个"长度"、"宽度"和"高度"分别为 180.0mm、200.0mm 和 250.0 mm 的长方体。

（12）选择刚创建的长方体，单击鼠标右键，在弹出的右键菜单中选择"转换为/转换为可编辑网格"命令。

（13）单击"修改"按钮，进入"修改"面板，在"可编辑样条线"列表框中选择"顶点"选项，或者在"选择"卷展栏中单击"顶点"按钮，移动编辑长方体的点，使长方体其中一个面的 4 个节点都移动到该面的中心位置以完成菱形的制作，如图 6-36 所示。

图 6-36　编辑长方体的 4 个节点

（14）单击主工具栏中的"镜像"按钮，把菱形装饰复制出另外 3 个，将它们放在柱身另外 3 个面的适当位置。框选创建的柱础、柱身和柱头，选择菜单栏中的"组"→"成组"命令，把它们成组。然后，按住 Shift 键关联复制出另外 3 个柱体放在图中对应的位置。

（15）建立 IC 电话亭基本框架。单击"创建"按钮 ，进入"创建"面板，然后单击"图形"按钮 ，绘制电话亭身的曲线。单击"修改"按钮 ，进入"修改"面板，在"可编辑样条线"列表框中选择"样条线"选项，或者在"选择"卷展栏中单击"样条线"按钮 ，在其"参数"卷展栏的"轮廓"文本框中输入数值 50.0mm，然后按 Enter 键进行确定，使电话亭曲线成为封闭的双线，如图 6-37 所示。

（16）单击"修改"按钮 ，进入"修改"面板，在"修改器列表"的下拉列表中选择"挤出"选项，并在其"参数"卷展栏中的"数量"文本框中输入数值 2184.0mm，完成亭身的制作。

（17）单击"创建"按钮 ，进入"创建"面板，然后单击"几何体"按钮 ，在其"对象类型"卷展栏中单击其中的"长方体"按钮，在前视图中结合主工具栏中的"捕捉开关"按钮 ，创建电话亭的顶部长方体，选择菜单栏中的"组"→"成组"命令，把它和电话亭身组合在一起。最后，按住 Shift 键关联复制出另外两个电话亭放在图中对应的位置，如图 6-38 所示。

图 6-37　电话亭身的曲线　　　　　　　　图 6-38　电话亭效果

（18）基本完成 B 立面图的制作后，选择 DWG 文件中的 B 立面图按下鼠标右键，在弹出的右键菜单中选择"冻结当前选择"命令把 B 立面图进行冻结。

4．创建摄像机

（1）单击"创建"按钮 ，进入"创建"面板，然后单击"摄像机"按钮 ，在其"对象类型"卷展栏中单击"目标"按钮，在顶视图中创建一台摄像机。

（2）在透视图中，按下 C 键，这时透视图转为摄像机视图，可以通过在其他视图中移动摄像机的位置来调整摄像机视图的视点角度。

（3）调整摄像机的位置，如图 6-39 所示。

图 6-39　调整摄像机的位置

（4）选择摄像机，单击鼠标右键，在弹出的右键菜单中选择"隐藏选定对象"命令把它隐藏。

> 在基本确立空间的大体框架结构后，应创建摄像机以确定空间表现的视角，从而确定效果图
> 要表现的重点。另外，为了突出重点和快速建模，视角范围以外的模型可以忽略不进行建立；
> 近视点范围的模型需要建立较精细的模型；远视点的模型则可以精简建模。

5. 建立大堂 A 立面

（1）在顶视图中选择大堂 B 立面的任意一个柱体模型，按住 Shift 键，移动它进行"关联"复制，把复制的柱体模型置于大堂 A 立面相应的位置。

（2）为了便于大堂 A 立面的创建，在弹出的右键菜单中选择"隐藏当前选择"命令，把大堂 B 立面模型隐藏。

（3）解除对 DWG 文件中大堂 A 立面图的冻结设置。单击"显示"按钮，进入"显示"面板，在其"工具"卷展栏中单击"根据名称解除冻结"按钮，在弹出的"解除冻结物体"对话框中选择 A 立面图文件（导入 DWG 文件时就应及时为各立面图用"组"命令组合并重命名以便随时方便提取），按下解冻键对其进行解除冻结，如图 6-40 所示。

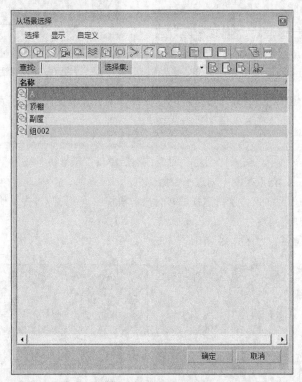

图 6-40　解除冻结

（4）在前视图中选择 DWG 文件中的 A 立面图，单击主工具栏中的"选择并旋转"按钮，然后单击"提示行与状态栏"工具栏中的"绝对模式变换输入"按钮，在 X 文本框内输入数值 90，再按 Enter 键进行确定，A 立面图这时就会按 x 轴方向旋转 90°。调整 A 立面图的位置，使它在前视图中如图 6-41 所示。

（5）制作过道入口。单击"创建"按钮，进入"创建"面板，然后单击"几何体"按钮，在其

"对象类型"卷展栏中单击其中的"长方体"按钮，最后在前视图中结合主工具栏中的"捕捉开关"按钮 ，创建一个长方体，使它的"高度"数值大于墙壁的厚度以穿过墙壁，它的位置如图 6-42 所示。

图 6-41　调整大堂 A 立面图的位置

图 6-42　长方体的位置

（6）单击"创建"按钮 ，进入"创建"面板，单击"几何体"按钮 ，在其下拉列表中选择"复合对象"类型，在其"对象类型"卷展栏中单击"布尔"按钮，如图 6-43 所示。然后，选择墙体模型，单击"拾取布尔"卷展栏中的"拾取操作对象 B"按钮，在视图中拾取刚创建的长方体，完成过道入口的制作，效果如图 6-44 所示。

（7）用同样的方法制作出茶室入口的门洞。

（8）制作过道入口的门框。单击"创建"按钮 ，进入"创建"面板，然后单击"图形"按钮 ，在其"对象类型"卷展栏中单击其中的"线"按钮，在前视图中结合主工具栏中的"捕捉开关"按钮 ，绘制门框的曲线。接着，单击"修改"按钮 ，进入"修改"面板，在"可编辑样条线"列表框中选择"样条线"选项，或者在"选择"卷展栏中单击"样条线"按钮 ，在其"参数"卷展栏的"轮廓"文本框中输入数值 50.0，最后按 Enter 键进行确定，使门框成为封闭的双线，如图 6-45 所示。

图 6-43　选择布尔运算按钮

图 6-44　过道入口效果

（9）单击"修改"按钮 ，进入"修改"面板，然后在"修改器列表"的下拉列表中选择"挤出"选项，并在其"参数"卷展栏中的"数量"文本框中输入数值 100.0，完成门框的制作。

（10）用同样的方法制作茶室入口的门框。

（11）制作茶室入口的顶。单击"创建"按钮 ，进入"创建"面板，然后单击"几何体"按钮 ，在其"对象类型"卷展栏中单击其中的"长方体"按钮，单击主工具栏中的"捕捉开关"按钮 ，创建一个长方体。选择刚创建的长方体，单击鼠标右键，在弹出的右键快捷菜单中选择"转换为/转换为可编辑网格"命令，进入点编辑模式，如图 6-46 所示。

图 6-45　过道门框的曲线

图 6-46　茶室入口的顶面长方体

（12）移动节点的位置以完成茶室入口顶的制作，节点的位置如图 6-47 所示。

图 6-47　节点的位置

（13）制作茶室入口的栅栏。在前视图中，单击"创建"按钮，进入"创建"面板，然后单击"图形"按钮，在其"对象类型"卷展栏中单击其中的"线"按钮，结合主工具栏中的"捕捉开关"按钮，绘制栅栏的曲线，如图 6-48 所示。

（14）选择栅栏曲线，单击"修改"按钮，进入"修改"面板，在"修改器列表"的下拉列表中选择"车削"选项，然后选择"修改"面板中"车削"子列表的"轴"选项，这样就能通过在视图中移动 x 轴来调整用"车削"命令成型的形体形状，如图 6-49 所示选择"轴"选项。

图 6-48　绘制栅栏曲线

图 6-49　用车削命令制作栅栏

（15）单击"创建"按钮，进入"创建"面板，然后单击"几何体"按钮，在其"对象类型"卷展栏中单击其中的"长方体"按钮，在前视图中结合主工具栏中的"捕捉开关"按钮，创建栅栏的长方体，并复制出另一个栅栏长方体置于图中相应的位置。

（16）制作栅栏的斜棍。单击"创建"按钮，进入"创建"面板，然后单击"图形"按钮，在其

"对象类型"卷展栏中单击其中的"线"按钮,绘制栅栏的斜线。接着,单击"创建"按钮 ✳,进入"创建"面板,单击"图形"按钮 ⚙,在其"对象类型"卷展栏中单击其中的"圆"按钮,在斜线的旁边绘制一个圆形,如图 6-50 所示。

(17)选择斜线,单击"创建"按钮 ✳,进入"创建"面板,然后单击"几何体"按钮 ⭕,在其下拉列表中选择"复合对象"类型,在其"对象类型"卷展栏中单击"放样"按钮,在视图中拾取刚创建的圆形,完成栅栏斜棍的制作。

(18)一组栅栏的效果如图 6-51 所示。复制出其余栅栏,放在图中对应的位置。然后,选择所有的栅栏,选择菜单栏中的"组→成组"命令,把它们成组。

图 6-50　绘制栅栏的斜线和圆形

图 6-51　一组栅栏的效果

(19)创建 A 立面有分缝的墙体。单击"创建"按钮 ✳,进入"创建"面板,然后单击"几何体"按钮 ⭕,在其"对象类型"卷展栏中单击其中的"长方体"按钮,在前视图中创建一个"高度""长度""宽度"分别为 80.0mm、11.0mm 和 3.0mm 的长方体作为过道入口的墙体,如图 6-52 所示。

(20)选择刚创建的墙体,右键单击长方体,在弹出的快捷菜单中选择"转换为/转换为可编辑网格"命令,进入点编辑模式,移动编辑长方体的点,使其和立面图上的墙体分缝线段的位置相一致,如图 6-53 所示。

图 6-52　创建过道入口的墙体

图 6-53　编辑墙体的节点

(21)单击"选择"卷展栏中的"多边形"按钮 ▣,进入多边形网格编辑模式,按住 Ctrl 键选择墙体中过道入口位置的面,如图 6-54 所示被选中的面显示为红色。然后,单击"编辑几何体"卷展栏中的"删除"按钮,将选择的面删除。

(22)按住 Ctrl 键选择墙体分缝的面,如图 6-55 所示。单击"修改"按钮 ✐,进入"修改"面板,单击"编辑几何体"卷展栏中的"挤出"按钮，在其后的文本框中填入数值-50.0mm，然后按 Enter 键进行确定，这样就制作出过道入口墙面的分缝。调整入口墙面的位置，把它在视图中置于大堂墙壁的侧面并覆盖住大堂墙壁。

图 6-54　选择对应过道入口的面

图 6-55　选择对应墙体分缝的面

（23）用同样的方法制作出茶室入口旁边的分缝墙体，并将其置于适当的位置。

（24）选择 DWG 文件中的大堂 A 立面图，单击鼠标右键，在弹出的右键菜单中选择"隐藏选择"命令把图形隐藏。同时，选择 A 立面图的模型，单击鼠标右键，在弹出的右键菜单中选择"冻结当前选择"命令对选择图形进行冻结。

6．制作大堂 C 立面

（1）解除对 DWG 文件中大堂 C 立面图的冻结设置。单击"显示"按钮，进入"显示"面板，在"冻结"卷展栏中单击其中的"按名称解冻"按钮，在弹出的"解冻对象"对话框中选择大堂 C 立面图文件和服务台立面图文件，单击"解冻"按钮，对其进行解除冻结。

（2）在前视图中选择 DWG 文件中的 C 立面图，单击主工具栏中的"选择并旋转"按钮，然后单击"提示行与状态栏"工具栏中的"绝对模式变换输入"按钮，在 X 文本框内输入数值 90，再按 Enter 键进行确定，如图 6-56 所示。这时，C 立面图就会按 x 轴方向旋转 90°。接着，在 Z 文本框内输入数值-90，使它按 z 轴方向逆时针旋转 90°。调整 C 立面图的位置，使它在前视图中如图 6-57 所示。

图 6-56　输入旋转数值

（3）制作服务台的基本形体。选择服务台立面图文件，按上一步骤同样的方法使它在前视图中按 x 轴方向旋转 90°。然后单击"创建"按钮，进入"创建"面板，单击"图形"按钮，在"对象类型"卷展栏中单击"线"按钮，最后在前视图中结合主工具栏中的"捕捉开关"按钮，绘制服务台内部的曲线，如图 6-58 所示。

图 6-57　调整 C 立面图的位置

图 6-58　绘制服务台内部曲线

（4）单击"修改"按钮 ，进入"修改"面板，在"修改器列表"的下拉列表中选择"挤出"选项，在其"参数"卷展栏的"数量"文本框中输入数值 6080.0，完成服务台基本形体的制作。用同样的方法制作服务台基本形体的剩余部分。

（5）制作服务台的花岗石装饰块。单击"创建"按钮 ，进入"创建"面板，然后单击"几何体"按钮 ，在其"对象类型"卷展栏中，单击其中的"长方体"按钮，在左视图中结合主工具栏中的"捕捉开关"按钮 ，绘制装饰块长方体，其"高度"和"宽度段数"分别为 10.0mm 和 3。选择刚创建的长方体，单击鼠标右键，在弹出的右键菜单中选择"转换为/转换为可编辑网格"命令。单击"修改"按钮 ，进入"修改"面板，在"可编辑样网格"列表框中选择"顶点"选项，或者在"选择"卷展栏中单击"顶点"按钮 ，移动编辑长方体的点，如图 6-59 所示。

（6）使用本节同样的方法制作装饰块上的菱形装饰。

（7）完成花岗石装饰块后，选择菜单栏中的"组→组"命令，把花岗石装饰块成组，并复制出另外 5 个置于相应的位置。

（8）创建服务台后的墙面的门洞。单击"创建"按钮 ，进入"创建"面板，然后单击"几何体"按钮 ，在其"对象类型"卷展栏中单击其中的"长方体"按钮，在左视图中结合主工具栏中的"捕捉开关"按钮 ，创建一个长方体，并使它的"高度"数值大于大堂、储藏间和休息室之间的墙壁厚度。选择大堂、储藏间和休息室之间的墙壁，单击"几何体"按钮 ，在其下拉列表中选择"复合对象"类型，在其"对象类型"卷展栏中单击"布尔"按钮，在"拾取布尔"卷展栏中单击"拾取操作对象 B"按钮，在视图中拾取刚创建的长方体完成门洞的制作（更详细的讲解见本节第 5 小节第（5）步骤中 A 立面过道入口的制作）。

（9）使用本节第 5 小节第（19）步骤中制作过道入口分缝墙体的同样方法制作出服务台后带竖条分缝的墙面和墙面顶部的横向装饰。

（10）复制柱体模型到服务台边相应的位置；复制服务台花岗石装饰块上的菱形方块到墙面横向装饰相应的位置。这时，服务台立面模型效果如图 6-60 所示。

图 6-59　编辑装饰块的节点

图 6-60　服务台立面模型效果

（11）选择 DWG 文件中的大堂 C 立面图，按下鼠标右键，在弹出的右键菜单中选择"隐藏选择"命令把它隐藏。同时，把 C 立面图的模型用右键命令"冻结当前选择"进行冻结。

7．制作大堂顶棚

（1）解除对 DWG 文件中大堂顶棚图的冻结设置，并把它在顶视图中移动到和模型相对应的位置，如图 6-61 所示。

（2）制作一块整体的顶棚。单击"创建"按钮 ，进入"创建"面板，然后单击"图形"按钮 ，在其"对象类型"卷展栏中单击其中的"线"按钮，在顶视图中结合主工具栏中的"捕捉开关"按钮 ，绘制顶棚的线段，如图 6-62 所示。

图 6-61　调整大堂顶棚图的位置

图 6-62　绘制整体顶棚的线段

（3）单击"修改"按钮 ，进入"修改"面板，在"修改器列表"的下拉列表中选择"挤出"选项，拉伸顶棚线段，并在其"参数"卷展栏的"数量"文本框中输入数值 10.0，然后把拉伸出来的顶棚置于相应的位置。

（4）制作顶棚中部的吊顶。单击"创建"按钮 ，进入"创建"面板，然后单击"几何体"按钮 ，在其"对象类型"卷展栏中单击其中的"长方体"按钮，在其"参数"卷展栏的"高度"、"长度段数"和"宽度段数"的文本框中输入数值 80.0mm、9 和 3。

（5）选择刚创建的长方体，单击鼠标右键，在弹出的右键菜单中选择"转换为/转换为可编辑网格"命令。然后单击"修改"按钮 ，进入"修改"面板，在"可编辑样条线"列表框中选择"顶点"选项，或者在"选择"卷展栏中单击"顶点"按钮 ，进入点编辑模式，移动编辑长方体的点，如图 6-63 所示。

（6）在"选择"卷展栏中单击"多边形"按钮 ，进入"多边形"编辑模式，按住 Ctrl 键选择如图 6-64 所示的面。然后，单击"编辑几何体"卷展栏中的"删除"按钮，把这些面进行删除。

图 6-63　编辑移动长方体的点

图 6-64　删除选中的面

（7）创建吊顶的发光片。单击"创建"按钮 ，进入"创建"面板，然后单击"几何体"按钮 ，在其"对象类型"卷展栏中单击其中的"长方体"按钮，在顶视图中结合主工具栏中的"捕捉开关"按钮 ，创建发光片。单击鼠标右键，在弹出的右键菜单中选择"转换为/转换为可编辑网格"选项。单击"修改"按钮 ，进入"修改"面板，在"可编辑样条线"列表框中选择"顶点"选项，选择如图 6-65 所示的点，按 Delete 键进行删除使发光片成为一块单片。

（8）在顶视图中选择刚创建的发光片，按住 Shift 键复制其他的发光片，并将它们调整放在相应的位置。单击"实用程序"按钮，进入"实用程序"面板，单击"实用程序"卷展栏中的"塌陷"按钮，如图 6-66 所示。

图 6-65　选择点进行删除　　　　　　　　　图 6-66　选择塌陷命令

（9）选择一块发光片，在"塌陷"弹出展卷栏中单击"塌陷选定对象"按钮，按住 Ctrl 键依次选择其余的发光片，把它们塌陷为一个整体。

对于同一种材质的模型，应该把它们塌陷为一个整体，这样在操作时能方便进行选择和赋予材质。

（10）制作吊顶的框。单击"创建"按钮，进入"创建"面板，然后单击"图形"按钮，在其"对象类型"卷展栏中单击其中的"矩形"按钮，在顶视图中结合主工具栏中的"捕捉开关"按钮，绘制一个矩形。

（11）选择矩形，单击"修改"按钮，进入"修改"面板，在"可编辑样条线"列表框中选择"样条线"选项，或者在"选择"卷展栏中单击"样条线"按钮，进入线条编辑模式。然后单击"几何体"卷展栏中的"轮廓"按钮，在"数值"文本框中输入数值 300.0，按 Enter 键进行确定，使矩形成为封闭的双线。

（12）单击"修改"按钮，进入"修改"面板，在"修改器列表"的下拉列表中选择"挤出"选项，并在其"参数"卷展栏中的"数量"文本框中输入数值 100.0 完成吊顶框的制作，并把其调整到相应的位置。

（13）使用同样的方法制作顶棚面的吊顶。

（14）制作顶棚左面的吊顶发光片。单击"创建"按钮，进入"创建"面板，然后单击"图形"按钮，在其"对象类型"卷展栏中单击其中的"线"按钮，在顶视图中结合主工具栏中的"捕捉开关"按钮，绘制左面吊顶的线段。接着单击"修改"按钮，进入"修改"面板，在"修改器列表"的下拉列表中选择"挤出"选项，并在其"参数"卷展栏中设置数量，使拉伸出来的大发光片成为没有厚度的单片。

（15）制作顶棚左面的吊顶的框架。单击"创建"按钮，进入"创建"面板，然后单击"图形"按钮，在其"对象类型"卷展栏中单击其中的"矩形"按钮，在顶视图中结合主工具栏中的"捕捉开关"按钮，绘制框架内部的矩形。

（16）单击"创建"按钮，进入"创建"面板，然后单击"图形"按钮，在其"对象类型"卷展栏中单击其中的"矩形"按钮，绘制外框的形状。接着，单击"修改"按钮，进入"修改"面板，在"可编辑样条线"列表框中选择"样条线"选项，或者在"选择"卷展栏中单击"样条线"按钮，进入样条线编辑模式，在"数值"文本框中输入数值 150.0 并按 Enter 键进行确定，使其成为封闭的双线。

（17）在线编辑模式下，单击"几何"卷展栏中的"连接"按钮，按住 Ctrl 键依次选择其余的吊顶架矩形，把它们关联为一个整体，如图 6-67 所示。

（18）选择矩形框架，单击"修改"按钮，进入"修改"面板，在"修改器列表"的下拉列表中选择"挤出"选项，并在其"参数"卷展栏的"数量"文本框中输入数值为 80，把线条拉伸为吊顶框。

（19）在顶视图中复制柱子模型到大堂内部，并将其移动到相应的位置上。复制顶棚模型，在前视图中将其移动到地面作为地面模型。这时，大堂基本模型如图 6-68 所示。

图 6-67　左面吊顶的框架

图 6-68　大堂基本模型

8.　创建灯具模型

（1）制作筒灯。单击"创建"按钮，进入"创建"面板，然后单击"几何体"按钮，在其"对象类型"卷展栏中单击其中的"圆柱体"按钮，在顶视图中创建一个"半径"和"高度"分别为 80.0mm 和 30.0mm 的圆柱体作为筒灯的灯架。接着，再创建一个"半径"和"高度"分别为 80.0 mm 和 0.0mm 的圆柱体单片作为筒灯的灯片置于灯架下方，如图 6-69 所示。

图 6-69　筒灯发光片位置

（2）分别选择筒灯的灯架和灯片，单击"修改"按钮，进入"修改"面板，在面板中分别为它们重新命名，以便以后进行选择和管理，如图 6-70 所示。

（3）在顶视图中选择筒灯模型，按住 Shift 键进行复制，并把它们放在相应的位置。

（4）用创建筒灯灯片的方法制作吸顶灯和冷光灯，并把它们重命名后关联复制到相应的位置。

（5）导入艺术吊灯模型。选择菜单栏中的"3ds"→"导入"命令，在弹出的"选择文件导入"对话框中选择光盘相应路径下的"源文件\导入模型\大堂\吊灯.3ds"文件，单击"打开"按钮进行确定。

（6）在弹出的"3ds 导入"对话框中选择"合并对象到当前场景"选项，单击"确定"按钮导入模型，如图 6-71 所示。

图 6-70　为模型重命名

图 6-71　大堂模型

（7）在顶视图中选择导入的吊灯模型，单击主工具栏中的"选择并均匀缩放"按钮，把吊顶模型缩放到顶棚图中吊灯的大小比例。然后，把吊灯置于相应的位置。

（8）用同样的方法导入壁灯模型，使用"移动"、"缩放"、"旋转"和"复制"命令把它置于大堂 A 立面相应的位置。这时，大堂模型如图 6-71 所示。

（9）选择 DWG 文件中的大堂顶棚图，按下鼠标右键，在弹出的右键菜单中选择"隐藏选定对象"命令把它隐藏。同时，解除对 DWG 文件中大堂平面图的冻结。

9．导入其他家具模型

（1）导入电脑模型。选择菜单栏中的"3ds"→"导入"命令，在弹出的"选择文件导入"对话框中选择光盘相应路径下的"源文件\模型\大堂\显示器.3ds"文件，单击"打开"按钮进行确定。

（2）在弹出的"合并-显示器.Max"对话框中单击"全部"按钮，再单击"确定"按钮，把文件中所有模型进行导入。

（3）在顶视图中单击"视口导航控件"工具栏中的"最大化适口切换"按钮，使顶视图中的模型居中显示，以便用户能很快找到视图中刚合并的显示器模型的位置并对其进行操作。然后，根据大堂平面图，通过使用"移动""缩放""旋转""复制"命令把它置于大堂中相应的位置。

（4）用同样的方法，依次导入大堂的沙发、茶几等模型并将它们置于大堂中相应的位置。

最后，大堂模型在视图中如图 6-72 所示。

图 6-72　大堂模型

这时，可以调整并确定"Camera01"视图的视点。在视点以外的模型可以不进行导入甚至对建立的模型进行删除，便于节省操作和以后的渲染时间。

 为了方便选择场景中的模型，可以单击主工具栏中的"根据名字选择"按钮，在弹出的"选择物体"对话框中选择相应的模型，按下选择按钮即可。在对话框中选择时按住 Ctrl 键可以选择多个模型。

6.1.3 添加灯光

（1）单击"创建"按钮，进入"创建"面板，然后单击"灯光"按钮，如图 6-73 所示。这样，在场景中能针对性地选择灯光模型。

（2）单击"创建"按钮，进入"创建"面板，然后单击"灯光"按钮，在其"对象类型"卷展栏中单击其中的"泛光"按钮，如图 6-74 所示。然后，在顶视图中单击鼠标左键创建 1 盏泛光灯作为主要的室内照明。

图 6-73　选择过滤

图 6-74　选择泛光灯

（3）单击"创建"按钮，进入"创建"面板，然后单击"灯光"按钮，在其"对象类型"卷展栏中单击其中的"目标聚光灯"按钮，在顶视图中单击鼠标左键创建 1 盏目标聚光灯在吊灯下方。

（4）单击"创建"按钮，进入"创建"面板，然后单击"灯光"按钮，在其"对象类型"卷展栏中单击其中的"目标聚光灯"按钮，在前视图中创建一盏目标聚光灯，并调整它的位置，使它和筒灯模型对齐。

（5）选择刚创建的目标聚光灯，按住 Shift 键进行"关联"复制，以复制出和场景中的筒灯模型相对应的灯光。

（6）单击"创建"按钮，进入"创建"面板，然后单击"灯光"按钮，在其"对象类型"卷展栏中单击其中的"目标聚光灯"按钮，为壁灯和服务台墙面的筒灯创建目标聚光灯，并将其"关联"复制到相应的位置。

（7）调整灯光的位置，最终场景效果如图 6-75 所示。

图 6-75　场景效果

6.2　建立标准间的立体模型

本节主要介绍宾馆标准间立体模型的具体制作过程和一些模型制作技巧。

（光盘：动画演示\第 6 章\建立标准间立体模型.avi）

6.2　建立标准间
立体模型

6.2.1　导入 AutoCAD 模型并进行调整

（1）运行 3ds Max 2016。

（2）选择菜单栏中的"自定义"→"单位设置"命令，在弹出的"单位设置"对话栏中设置计量单位为"毫米"。

（3）选择菜单栏中的"3ds"→"导入"命令，在弹出的"选择要导入的文件"对话框的"文件类型"下拉列表中选择"原有 AutoCAD（*.DWG）"选项，并选择本书配套光盘中的"源文件\CAD\施工图\标准间平面.dwg"文件，再单击"打开"按钮。

（4）在弹出的"导入选项"对话框中设置参数，将多余选项的勾选取消，并把导入的计量单位和 3ds Max 的计量单位统一为"毫米"，将文件导入 3ds Max 中。

（5）单击主工具栏中的"按名称选择"按钮 ，框选标准间平面 DWG 文件，选择菜单中的"组→组"命令把它们进行成组。

（6）在"修改"面板中单击该组的颜色属性框，打开"物体颜色"对话框，如图 6-76 所示。然后，在颜色对话框中选择相应的颜色并单击"确定"按钮。这时，标准间平面图在顶视图中如图 6-77 所示。

图 6-76　单击颜色属性显示框

图 6-77　标准间平面图

6.2.2 建立完整的标准间模型

1. 建立标准间的基本墙面

（1）右键单击主工具栏中的"捕捉开关"按钮 ^{3m}，对弹出的"栅格和捕捉设置"对话框进行设置，如图 6-78 所示。然后关闭对话框，并用鼠标左键单击"捕捉开关"按钮 ^{3m}，进入捕捉状态。

（2）在顶视图中单击"创建"按钮 ，进入"创建"面板，然后单击"图形"按钮 ，在其"对象类型"卷展栏中单击其中的"线"按钮，捕捉 DWG 平面图中的墙体边缘线，绘制一条连续的线条，如图 6-79 所示。

图 6-78　设置捕捉选项

图 6-79　绘制墙体线条

（3）选择绘制的线条，单击"修改"按钮 ，进入"修改"面板，把它重命名为"墙"，如图 6-80 所示。

在"可编辑样条线"列表框中选择"样条线"选项，或者在"选择"卷展栏中单击"样条线"按钮 ，再单击"几何体"卷展栏中的"轮廓"按钮，在"数值"文本框中输入数值 245.0，并按 Enter 键进行确定，使墙壁线条成为封闭的双线。由于标准间墙体的厚薄不同，进入编辑模式，移动视图中的线段，使它和平面图中的墙体内壁线段相一致，如图 6-81 所示。

（4）单击"修改"按钮 ，进入"修改"面板，在"修改器列表"的下拉列表中选择"挤出"选项，并在其"参数"卷展栏的"数量"文本框中输入数值 3000.0，把线条拉伸为墙体。

（5）右键单击导入的标准间平面图，在弹出的快捷菜单中选择"冻结当前选择"命令把平面图冻结。

图 6-80　为线条重命名

图 6-81　编辑墙体线段

（6）单击"创建"按钮，进入"创建"面板，然后单击"几何体"按钮，在其"对象类型"卷展栏中单击其中的"平面"按钮，在顶视图中创建标准间地面。这时，标准间模型在透视图中如图 6-82 所示。

（7）用导入标准间平面图的方法导入光盘路径下的"标准间立面 2.DWG"文件，单击工具栏中的"按名称选择"按钮，框选立面图 DWG 文件，然后选择菜单中的"组→组"命令，把它们进行成组并在修改面板中重新设置其颜色。

（8）调整标准间立面图的坐标位置，使它在前视图中如图 6-83 所示。

图 6-82　标准间模型　　　　　　　　　　　　图 6-83　标准间立面图的坐标位置

（9）制作卫生间门洞。单击"创建"按钮，进入"创建"面板，然后单击"几何体"按钮，在其"对象类型"卷展栏中单击其中的"长方体"按钮，在前视图中结合主工具栏中的"捕捉开关"按钮，捕捉立面图中的门洞线条创建一个长方体，使它的高度数值大于墙壁的厚度以穿过墙壁，它在视图中的位置如图 6-84 所示。

图 6-84　长方体的位置

（10）选择墙壁，单击"创建"按钮，进入"创建"面板，单击"几何体"按钮，在其下拉列表中选择"复合对象"类型，在其"对象类型"卷展栏中单击"布尔"按钮，如图 6-85 所示。然后，在"拾取布尔"卷展栏中单击"拾取操作对象 B"按钮，在视图中拾取刚创建的长方体，完成卫生间门洞的制作，效果如图 6-86 所示。

（11）制作窗户洞口。单击"创建"按钮，进入"创建"面板，然后单击"几何体"按钮，在其"对象类型"卷展栏中单击其中的"长方体"按钮，结合主工具栏中的"捕捉开关"按钮，捕捉立面图中的窗户线条创建一个长方体，并设置它的宽度数值大于墙壁的厚度以穿过墙壁。然后，在顶视图中调整它的位置，如图 6-87 所示。

图 6-85　单击布尔按钮

图 6-86　卫生间门洞效果

图 6-87　长方体的位置

（12）使用同第（10）步骤制作卫生间门洞的同样方法布尔运算出窗户的洞口。

（13）建立顶棚。单击"创建"按钮 ，进入"创建"面板，然后单击"几何体"按钮 ，在其"对象类型"卷展栏中单击其中的"长方体"按钮，创建一个长方体，如图 6-88 所示。选择刚创建的长方体，单击鼠标右键，在弹出的右键菜单中选择"转换为/转换为可编辑网格"命令，单击"修改"按钮 ，进入"修改"面板，在"可编辑样条线"列表框中选择"顶点"选项，或者在"选择"卷展栏中单击"顶点"按钮 ，进入点编辑模式。

（14）在视图中框选长方体上方的 4 个点，如图 6-89 所示。然后，按下 Delete 键把这 4 个节点删除，使长方体成为单面模型。

图 6-88　创建顶棚长方体

图 6-89　框选节点

（15）创建摄像机。单击"创建"按钮 ，进入"创建"面板，然后单击"摄像机"按钮 ，在其"对象类型"卷展栏中单击其中的"目标"按钮，在前视图中创建一台摄像机，如图 6-90 所示。

（16）选择透视视图，按下 $\boxed{C}$ 键，这时，透视图转为摄像机视图，可以通过在其他视图中移动摄像机的位置来调整摄像机视图的视点角度，摄像机视图如图 6-91 所示。

图 6-90　创建摄像机

图 6-91　摄像机视图效果

2．建立标准间室内模型

（1）建立窗户模型。在右视图中，单击"创建"按钮，进入"创建"面板，然后单击"图形"按钮，在其"对象类型"卷展栏中单击其中的"矩形"按钮，结合主工具栏中的"捕捉开关"按钮，捕捉窗户洞口线条创建一个矩形。单击"修改"按钮，进入"修改"面板，在下拉菜单中选择"编辑线条"选项。

（2）单击"修改"按钮，进入"修改"面板，在"可编辑样条线"列表框中选择"样条线"选项，或者在"选择"卷展栏中单击"样条线"按钮，进入线条编辑模式。然后单击"几何体"卷展栏中的"轮廓"按钮，在"数值"文本框中输入数值 80.0，并按 $\boxed{Enter}$ 键进行确定，使矩形成为封闭的双线，如图 6-92 所示。

（3）单击"修改"按钮，进入"修改"面板，在"修改器列表"的下拉列表中选择"挤出"选项，并在其"参数"卷展栏中的"数量"文本框中输入合适的数值，拉伸二维线段，在其"参数"弹出菜单的"数量"文本框中输入数值 245.0，把线条拉伸为窗户外框，并将其放置于顶视图中适当的位置，如图 6-93 所示。

图 6-92　创建矩形双线

图 6-93　窗框的位置

（4）制作窗户内框。单击"创建"按钮，进入"创建"面板，然后单击"图形"按钮，在其"对象类型"卷展栏中单击其中的"矩形"按钮，结合主工具栏中的"捕捉开关"按钮，捕捉窗框创建一个矩形，如图 6-94 所示。然后，使用制作窗户外框同样的方法把矩形转化为封闭的双线并拉伸成形，拉伸的数值为 100mm。

（5）制作窗玻璃。单击"创建"按钮，进入"创建"面板，然后单击"几何体"按钮，在其"对象类型"卷展栏中单击其中的"长方体"按钮，结合主工具栏中的"捕捉开关"按钮 3, 捕捉窗户内框创建一个长方体，接着单击"修改"按钮 ，进入"修改"面板，在"参数"卷展栏的"高度"文本框中输入数值 0.01，并把它放置于窗框中间。

（6）单击主工具栏中的"选择并移动"按钮 ，在左视图中按住 Ctrl 键依次选中窗户内框和窗玻璃，再按住 Shift 键把它们移动并进行"关联"复制。在顶视图中调整窗框的位置，如图 6-95 所示。

图 6-94 制作窗户内框矩形

图 6-95 窗框的位置

（7）按住 Ctrl 键单击选择所有完成的窗框模型，单击"工具"按钮 ，进入"工具"面板，单击"工具"卷展栏中的"塌陷"按钮。然后，展开"塌陷"卷展栏，单击"塌陷选定对象"按钮，把它们合并为一个物体，以方便管理和修改，如图 6-96 所示。

（8）选择合并后的窗框，单击鼠标右键，在弹出的右键菜单中选择"转换为/转换为可编辑网格"命令，自动转化为"可编辑网格"的编辑模式。然后在"选择"卷展栏中单击"多边形"按钮 ，在右视图上选择渲染时窗框看不到的面，按 Delete 键进行删除，如图 6-97 所示。

图 6-96 选择塌陷命令

图 6-97 删除看不到的面

（9）制作窗帘框。在前视图中，单击"创建"按钮 ，进入"创建"面板，单击"图形"按钮 ，在"对象类型"卷展栏中单击"线"按钮，结合主工具栏中的"捕捉开关"按钮 3, 捕捉窗帘框绘制连续的线条，如图 6-98 所示。然后，单击"修改"按钮 ，进入"修改"面板，在"修改器列表"的下拉列表中选择"挤出"选项，用于拉伸二维线段，在其"参数"卷展栏的"数量"文本框中输入数值 3660.0，把线条拉伸为窗帘框。

（10）制作踢脚。在顶视图中，单击"创建"按钮，进入"创建"面板，然后单击"图形"按钮，在其"对象类型"卷展栏中单击其中的"线"按钮，捕捉墙体内壁边缘线，绘制一条连续的线条，如图 6-99 所示。选择绘制的线条，单击"修改"按钮，进入"修改"面板，在"可编辑样条线"列表框中选择"顶点"选项，或者在"选择"卷展栏中单击"样条线"按钮，进入线编辑模式。

图 6-98　绘制窗帘框线条

图 6-99　绘制踢脚线条

（11）单击"几何体"卷展栏中的"轮廓"按钮，在"数值"文本框中输入数值 50.0，并按 Enter 键进行确定，使踢脚线条成为封闭的双线。然后，再单击"修改"按钮，进入"修改"面板，在"修改器列表"的下拉列表中选择"挤出"选项，用于拉伸二维线段，在其"参数"卷展栏的"数量"文本框中输入数值 100.0，把线条拉伸为踢脚。

3．制作标准间基本家具

（1）制作镜子。在前视图中，单击"创建"按钮，进入"创建"面板，然后单击"图形"按钮，在其"对象类型"卷展栏中单击其中的"矩形"按钮，结合主工具栏中的"捕捉开关"按钮，捕捉平面图中的镜框线条创建一个矩形。

（2）单击"创建"按钮，进入"创建"面板，然后单击"图形"按钮，在其"对象类型"卷展栏中单击其中的"矩形"按钮，绘制一个矩形。进入"修改"面板，在"参数"卷展栏的"长度""宽度"文本框中都输入数值 30.0，选择此矩形，单击"修改"按钮，进入"修改"面板，在"修改列表"的下拉菜单中选择"编辑样条线"命令，在"选择"卷展栏中单击"顶点"按钮，进入点编辑模式。

（3）进入"选择"弹出菜单，在"显示"栏中勾选"显示节点"复选框。这时，在矩形的 4 个节点上会出现相应的数字。单击主工具栏中的"选择并移动"按钮，移动 2 号节点，使矩形如图 6-100 所示。

（4）在前视图中选取较大的矩形，单击"创建"按钮，进入"创建"面板，单击"几何体"按钮，在其下拉列表中选择"复合对象"类型，在其"对象类型"卷展栏中单击"放样"按钮，再单击"创建方法"卷展栏中的"获取路径"按钮，然后在视图上点选小的矩形。这时，大的矩形就被放样为镜框模型，如图 6-101 所示。

（5）制作镜面。单击"创建"按钮，进入"创建"面板，然后单击"几何体"按钮，在其"对象类型"卷展栏中单击其中的"长方体"按钮，在前视图中结合主工具栏中的"捕捉开关"按钮，捕捉镜框线条创建一个长方体。选择长方体，在快捷菜单中选择"转换为/转换为可编辑网格"命令，单击"修改"按钮，进入"修改"面板，在"可编辑样条线"列表框中选择"顶点"选项，或者在"选择"卷展栏中单击"顶点"按钮，进入顶点编辑模式。

图 6-100　编辑后的矩形形状

图 6-101　放样成形的镜框模型

（6）在视图中选择如图 6-102 所示的点，单击"编辑几何体"卷展栏中的"删除"按钮，把选中的点删除，使长方体成为单面。

（7）制作镜前灯。单击"创建"按钮 ，进入"创建"面板，单击"几何体"按钮 ○，在其"对象类型"卷展栏中单击其中的"长方体"按钮，结合主工具栏中的"捕捉开关"按钮 ³ₘ，捕捉镜前灯平面线条创建一个长方体，在"参数"卷展栏中的"高度"文本框中输入数值 1。

（8）制作窗帘。在顶视图中，单击"创建"按钮 ，进入"创建"面板，然后单击"图形"按钮 ，在其"对象类型"卷展栏中单击其中的"线"按钮，绘制一条连续的线条。接着，单击"修改"按钮 ，进入"修改"面板，在"可编辑样条线"列表框中选择"样条线"选项，或者在"选择"卷展栏中单击"样条线"按钮 ，再单击"几何体"卷展栏中的"轮廓"按钮，输入数值 8.0，使其成为封闭的双线，如图 6-103 所示。

图 6-102　选择节点

图 6-103　绘制连续的线条

再单击"修改"按钮 ，进入"修改"面板，在"修改器列表"的下拉列表中选择"挤出"选项，并在"数量"文本框中输入数值 2600.0，把线条拉伸为窗帘，放在相应的位置。

（9）使用同样的方法制作另一块窗帘，放在窗户的另一边，并使其和前一块窗帘的形状有一定的区别。

（10）选择标准间立面 DWG 文件，单击鼠标右键，在弹出的右键菜单中选择"隐藏选定对象"命令，隐藏标准间立面 2。然后，打开"源文件/CAD/施工图/标准间立面 1.DWG"文件，选择菜单中的"组→成组"命令，把它们进行成组并在修改面板中重新设置其颜色和调整坐标位置，如图 6-104 所示。

（11）使用制作镜子同样的方法制作标准间立面 1 的装饰画框，并将其置于相应的位置。这时，摄像机视图如图 6-105 所示。

图 6-104　标准间立面

图 6-105　摄像机视图效果

4．导入其他家具模型

（1）单击"显示"按钮，进入"显示"面板，展开"冻结"卷展栏，单击其中的"按名称解冻"按钮，然后在顶视图中点选冻结的标准间平面图，把平面图解除锁定。

（2）导入书柜模型。选择菜单栏中的"3ds"→"导入"→"合并"命令，在弹出的"合并文件"对话框中选择相应路径下的"源文件\3D\模型\标准间\书柜.Max"文件，单击"打开"按钮。

（3）在弹出的"合并-书柜.Max"对话框中单击"全部"按钮，再单击"确定"按钮，确定导入文件的所有模型。导入模型文件后，单击"视口导航控件"工具栏中的"所有视图最大化"按钮，使所有视图中的模型居中显示，这样就能很快找到视图中刚合并的书柜模型并进行操作。

（4）单击主工具栏中的"选择并移动"按钮、"选择并缩放"按钮和"选择并旋转"按钮，把书柜模型放在标准间中相应的位置，如图 6-106 所示。

（5）使用同样的方法在相应路径下依次导入标准间中其他家具模型。最后，标准间的摄像机视图效果如图 6-107 所示。

图 6-106　合并书柜模型

图 6-107　摄像机视图效果

导入家具模型时应根据摄像机视图进行调整，如果是在摄像机视图以外的看不到的模型，就不需要进行导入，以节省操作时间和以后的渲染速度。

6.2.3　添加灯光

（1）单击主工具栏中的"选择过滤器"选项，在其下拉列表框中选择"L-灯光"，使在场景中能针对性地选择灯光模型。

（2）单击"创建"按钮，进入"创建"面板，然后单击"灯光"按钮，在其"对象类型"卷展栏中单击其中的"泛光"按钮，如图 6-108 所示。然后，在顶视图中单击鼠标左键，创建 1 盏泛光灯作为主要的室内照明。

（3）单击"创建"按钮 ，进入"创建"面板，然后单击 "灯光"按钮 ，在其"对象类型"卷展栏中单击其中的"目标聚光灯"按钮，为床头的壁灯创建目标聚光灯，并"关联"复制另一盏目标聚光灯到相应的位置，如图 6-109 所示。

图 6-108　选择泛光　　　　　　　　　　图 6-109　灯光的位置

（4）调整灯光的位置后，摄像机视图的效果如图 6-110 所示。检查场景中的模型文件，把导入的 DWG 平面图文件和视图之外的模型文件全部删除。

图 6-110　摄像机视图效果

6.3　建立卫生间的立体模型

本节主要介绍宾馆卫生间立体模型的具体制作过程和一些模型制作技巧。

（光盘：动画演示\第 6 章\建立卫生间立体模型.avi）

6.3.1 导入 AutoCAD 模型并进行调整

6.3 建立卫生间
立体模型

（1）运行 3ds Max 2016。

（2）选择菜单栏中的"自定义"→"单位设置"命令，在弹出的"单位设置"对
话框中设置计量单位为"毫米"。

（3）选择菜单栏中的"3ds"→"导入"命令，然后在弹出的"选择文件导入"对话框中选择配套光
盘中的"源文件\CAD\施工图\卫生间.dwg"文件，再单击"打开"按钮确定。

（4）在弹出的"导入选项"对话框中设置参数，将多余选项的勾选取消，并把导入的计量单位和 3ds
Max 的计量单位统一为"毫米"。然后，单击确定按钮进行确定，把 DWG 文件导入 3ds Max 中。

（5）单击主工具栏中的"按名称选择"按钮 ，分别框选卫生间 DWG 文件中的 4 个立面图和 1 个
平面图，选择菜单栏中的"组→组"命令，分别对它们进行成组、重命名和设定颜色属性操作，使它们
在顶视图中如图 6-111 所示。

图 6-111 调整 DWG 文件

（6）选择卫生间的 4 个立面图，单击鼠标右键，在弹出的右键快捷菜单中选择"冻结当前选择"命
令，对立面图进行锁定。

（7）单击"视口导航控件"工具栏中的"缩放区域"按钮 ，框选卫生间的平面图，使其放大到整
个视图以便进行操作，如图 6-112 所示。

图 6-112 放大卫生间平面图

6.3.2 建立完整的卫生间模型

1. 建立卫生间的基本墙面

（1）打开捕捉设置，在顶视图中单击"创建"按钮，进入"创建"面板，然后单击"图形"按钮，在其"对象类型"卷展栏中单击其中的"线"按钮，捕捉卫生间平面图中的墙体边缘线，绘制一条连续的线条。

（2）选择绘制的线条，单击"修改"按钮，进入"修改"面板，在"可编辑样条线"列表框中选择"样条线"选项，或者在"选择"卷展栏中单击"样条线"按钮。然后单击"几何体"卷展栏中的"轮廓"按钮，在"数值"文本框中输入数值 240.0，并按 Enter 键进行确定，使墙壁线条成为封闭的双线，如图 6-113 所示。

（3）单击"修改"按钮，进入"修改"面板，在"修改器列表"的下拉列表中选择"挤出"选项，并在其"参数"卷展栏的"数量"文本框中输入数值 3000.0，把线条拉伸为墙体。

（4）创建摄像机。单击"创建"按钮，进入"创建"面板，然后单击"摄像机"按钮，在其"对象类型"卷展栏中单击其中的"目标"按钮，在顶视图中创建一台摄像机，如图 6-114 所示。

图 6-113　墙壁的线条

图 6-114　创建摄像机

（5）选择透视图，按下 C 键，这时，透视图转为摄像机视图，可以通过在其他视图中移动摄像机的位置来调整摄像机视图的视点角度，摄像机视图如图 6-115 所示。

（6）建立顶面。单击"创建"按钮，进入"创建"面板，然后单击"几何体"按钮，在其"对象类型"卷展栏中单击其中的"长方体"按钮，创建一个长方体，如图 6-116 所示。在视图上选择刚创建的长方体，单击"修改"按钮，进入"修改"面板，在"可编辑网格"列表框中选择"顶点"选项，在前视图中选择如图 6-117 所示的点，单击"编辑几何体"卷展栏中的"删除"按钮，把选中的点删除，使长方体成为单面。

图 6-115　摄像机视图

图 6-116　创建顶面长方体

（7）建立地面。单击"创建"按钮，进入"创建"面板，然后单击"几何体"按钮，在其"对象类型"卷展栏中单击其中的"面片"按钮，创建一个和顶面模型同样大小的平板，将其在前视图中调整到相应的位置。

（8）单击"显示"按钮，进入"显示"面板，展开"冻结"卷展栏，单击其中的"按名称解冻"按钮，在视图中单击如图 6-118 所示的立面图，解除其锁定。

图 6-117　选择节点　　　　　　　　　　　　　　图 6-118　选择立面图

（9）在前视图中选择立面图，选择主工具栏中的"选择并旋转"按钮，然后单击"提示行和状态栏控件"工具栏中的"绝对模式变换输入"按钮，在 X 文本框内输入数值 90，再按 Enter 键进行确定，如图 6-119 所示。这时，立面图会按 x 轴方向旋转 90°，再调整立面图到相应的位置。

图 6-119　设置旋转数值

（10）用同样的方法，在右视图中选择如图 6-120 所示的立面图，经过解除锁定、旋转和移动操作，把其调整到相对应的位置。

（11）在前视图中选择顶面模型，按住 Shift 键向下移动并对其进行复制，在弹出的"克隆选项"对话框中按照图 6-121 所示进行设置，然后把复制的顶面模型放在和标准间立面图的吊顶线条相对应的位置，如图 6-121 所示。

图 6-120　调整立面图位置　　　　　　　　　　　图 6-121　复制顶面模型

2. 建立卫生间室内模型

（1）建立灯盒。单击"创建"按钮，进入"创建"面板，然后单击"几何体"按钮，在其"对象类型"卷展栏中单击其中的"长方体"按钮，在前视图中结合主工具栏中的"捕捉开关"按钮，捕捉灯盒线条创建一个长方体，在"参数"卷展栏的"高度"文本框中输入数值 1680.0，如图 6-122 所示。然后，在左视图中将其调整到相应的位置。

（2）使用同样的方法在前视图中捕捉立面图相应的线条创建有机灯片和日光灯，并将它们调整到对应的位置。这时，渲染效果如图 6-123 所示。

图 6-122　创建灯盒

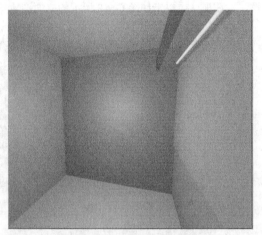

图 6-123　摄像机视图效果

（3）创建浴缸扶手。在前视图中选择立面图，按下 Delete 键进行删除，把如图 6-124 所示的立面图依次进行解除锁定、旋转和移动操作，并将其调整到相对应的位置。

（4）在顶视图中，单击"创建"按钮，进入"创建"面板，然后单击"图形"按钮，在其"对象类型"卷展栏中单击其中的"线"按钮，绘制一条连续的线条，如图 6-125 所示。然后，在视图中把线段移动到和立面图的扶手线条相对应的位置。

（5）单击"创建"按钮，进入"创建"面板，然后单击"图形"按钮，在其"对象类型"卷展栏中单击其中的"圆"按钮，在顶视图中创建一个"半径"为 15.0mm 的圆形。再次单击"创建"按钮，进入"创建"面板，单击"几何体"按钮，在其下拉列表中选择"复合对象"类型，在其"对象类型"卷展栏中单击"放样"按钮，如图 6-126 所示。接着单击"创建方法"卷展栏中的"获取路径"按钮，在顶视图中单击绘制的圆形，创建一个以扶手线段为基本路径、圆形为半径的形体。

图 6-124　调整立面图

图 6-125　绘制扶手线段

（6）创建皂盒。在左视图中，单击"创建"按钮，进入"创建"面板，然后单击"图形"按钮，在其"对象类型"卷展栏中单击其中的"线"按钮，捕捉立面图中的皂盒线条绘制一条连续的线条。单击"修改"按钮，进入"修改"面板，在"可编辑样条线"列表框中选择"顶点"选项，或者在"选择"卷展栏中单击"顶点"按钮，进入点编辑模式。展开"选择"卷展栏，勾选"显示节点"复选框，这时在矩形的 4 个节点上会出现相应的数字，如图 6-127 所示。

（7）选择 3 号节点，单击"修改"按钮，进入"修改"面板，然后单击"几何体"卷展栏中的"圆角"按钮，并在其"参数"卷展栏的"数量"文本框中输入数值 15.0，按 Enter 键进行确定，这时，3 号节点被进行倒角处理。用同样的方法，对 4 号节点进行倒角处理。

（8）单击"修改"按钮，进入"修改"面板，在"修改器列表"的下拉列表中选择"挤出"选项，并在其"参数"卷展栏中的"数量"文本框中输入数值 80.0，把线条拉伸成为长方体。在前视图中调整长方体的位置，使其插入墙壁模型，如图 6-128 所示。

图 6-126　选择放样命令　　　图 6-127　显示线条节点　　　图 6-128　调整长方体的位置

（9）单击"创建"按钮，进入"创建"面板，然后单击"几何体"按钮，在其下拉列表中选择"复合对象"类型，在其"对象类型"卷展栏中单击"布尔"按钮。接着选择墙壁模型，单击"拾取布尔"卷展栏中的"拾取操作对象 B"按钮，在视图上拾取创建的长方体，这时长方体在墙壁上布尔运算出一个洞口作为皂盒。

（10）创建浴缸。单击"创建"按钮，进入"创建"面板，然后单击"几何体"按钮，在其"对象类型"卷展栏中单击其中的"切角长方体"按钮，创建一个长方体。接着选择刚创建的长方体，单击"修改"按钮，进入"修改"面板，在"参数"卷展栏的"长度"、"宽度"、"高度"和"圆角"文本框中分别输入数值 1680.0mm、660.0mm、550.0mm 和 50.0mm。然后，把长方体移动到相应的位置。

（11）创建一个较小的倒角长方体，然后选择此长方体，单击"修改"按钮，进入"修改"面板，在"参数"卷展栏中的"长度"、"宽度"、"高度"和"圆角"文本框中分别输入数值 1200.0mm、550.0mm、600.0mm 和 20.0mm。

（12）选择刚创建的倒角长方体，单击鼠标右键，在弹出的右键菜单中选择"转换为/转换为可编辑网格"命令，进入点编辑模式。然后框选长方体下方两个角的节点，单击主工具栏中的"选择并均匀缩放"按钮，把选中的节点沿 x 轴方向（x 轴显示为黄色，y 轴显示为绿色）往中间移动，如图 6-129 所示。

（13）在左视图中，移动长方体右下角节点，如图 6-130 所示。然后，退出点编辑模式，调整两个倒角长方体的位置，如图 6-131 所示。

（14）单击"创建"按钮，进入"创建"面板，然后单击"几何体"按钮，在其下拉列表中选择"复合对象"类型，在其"对象类型"卷展栏中单击"布尔"按钮，接着选择较大的倒角长方体模型，在

"拾取布尔"卷展栏中单击"拾取操作对象 B"按钮，在视图上拾取较小的倒角长方体，这时布尔运算完成，剩下的形体如图 6-132 所示。

图 6-129 缩放节点

图 6-130 移动节点

图 6-131 调整长方体位置

图 6-132 浴缸形体

3. 导入其他模型

（1）合并洗手池模型。选择菜单栏中的"3ds"→"导入"→"合并"命令，在弹出的"合并文件"对话框中选择光盘相应路径下的"源文件\模型\卫生间\洗手池.3ds"文件，单击"打开"按钮。

（2）在弹出的"合并-洗手池.Max"对话框中勾选"全部"选项，再单击"确定"按钮。导入模型文件后，单击"视口导航控件"工具栏中的"所有视图最大化显示"按钮，使所有视图中的模型居中显示，这样就能快速找到视图中刚合并的洗手池模型并进行操作。

（3）结合主工具栏中的"选择并移动"按钮、"选择并均匀缩放"按钮和"选择并旋转"按钮，把洗手池模型放在卫生间中相应的位置，如图 6-133 所示。

（4）使用同样的方法在相应路径下依次合并坐便器和浴缸水龙头模型，并将它们调整到相应的位置。

（5）导入挂钩模型。选择菜单栏中的"3ds"→"导入"→"合并"命令，在弹出的"合并文件"对话框中选择光盘相应路径下的"源文件\模型\卫生间\挂钩.3ds"文件，单击"打开"按钮。

（6）在弹出的"合并-挂钩.Max"对话框中勾选"全部"选项，把模型导入场景，并通过主工具栏中的"选择并移动"、"选择并旋转"和"选择并均匀缩放"命令把其放置在浴缸头部。

（7）按住 Shift 键移动洗手盆的水龙头，把其"关联"复制到浴缸上方的墙壁上，作为淋浴喷头。最后，卫生间的摄像机视图效果如图 6-134 所示。

图 6-133　洗手池的位置

图 6-134　摄像机视图效果

6.3.3　添加灯光

（1）在主工具栏中的"选择过滤器"选项下拉列表框中选择灯光，使在场景中能针对性地选择灯光模型。

（2）单击"创建"按钮 ⚙，进入"创建"面板，然后单击 "灯光"按钮 ◁，在其"对象类型"卷展栏中单击其中的"泛光灯"按钮，如图 6-135 所示。在顶视图中单击鼠标左键创建 1 盏泛光灯作为主要的室内照明，将其重命名为"Omni01"。再创建另一盏泛光灯，放置在卫生间下部作为辅助照明。两盏泛光灯的位置如图 6-136 所示。

图 6-135　选择泛光

图 6-136　灯光的位置

6.4　建立会议室的立体模型

本节主要介绍宾馆会议室的室内建模方法和基本的材质、灯光设置。

（光盘：动画演示\第 6 章\建立会议室立体模型.avi）

6.4.1　导入 AutoCAD 模型并进行调整

（1）运行 3ds Max 2016。

（2）选择菜单栏中的"自定义"→"单位设置"命令，在弹出的"单位设置"对话框中设置计量单位为"毫米"。

（3）选择菜单栏中的"3ds"→"导入"命令，在弹出的"选择要导入的文件"

6.4　建立会议室立体模型

对话框的"文件类型"下拉列表中选择"原有 AutoCAD(*.DWG)"选项，并选择本书配套光盘中的"源文件\CAD\施工图\会议室.dwg"文件，再单击"打开"按钮。

（4）在弹出的"导入选项"对话框中，将多余选项的勾选取消，并把导入的计量单位和 3ds Max 的计量单位统一为毫米。然后，单击"确定"按钮，把 DWG 文件导入 3ds Max 中。

（5）调整 DWG 文件，把标注、纹理等无用的线条删除。然后，单击工具栏中的"按名称选择"按钮，分别框选会议室 DWG 文件中的 4 个立面图和 2 个平面图，选择菜单栏中的"组→成组"命令，分别对它们进行成组、重命名和设定颜色属性操作，使它们在顶视图中如图 6-137 所示。

（6）选择会议室的 4 个立面图和顶棚平面图，单击鼠标右键，在弹出的右键快捷菜单中选择"冻结当前选择"命令将图形锁定。

（7）单击"视口导航控件"工具栏中的"缩放区域"按钮，框选会议室的平面图，使其放大到整个视图以便进行操作，如图 6-138 所示。

图 6-137 调整 DWG 文件

图 6-138 放大会议室平面图

6.4.2 建立完整的会议室模型

1. 建立会议室的基本墙面

（1）单击主工具栏中的"捕捉开关"按钮，打开捕捉设置。在前视图中，单击"创建"按钮，进入"创建"面板，然后单击"图形"按钮，在其"对象类型"卷展栏中单击其中的"线"按钮，捕捉会议室平面图的墙体边缘线，绘制一条连续的线条。

（2）选择绘制的线条，单击"修改"按钮，进入"修改"面板，将其重命名为"墙"。然后，在"可编辑样条线"列表框中选择"样条线"选项，或者在"可编辑样条线"卷展栏中单击"样条线"按钮，接着单击"几何体"卷展栏中的"轮廓"按钮，在"数值"文本框中输入数值-250.0，并按 Enter 键进行确定，使墙壁线条成为封闭的双线，如图 6-139 所示。

（3）单击"修改"按钮，进入"修改"面板，在"修改器列表"的下拉列表中选择"挤出"选项，用于拉伸二维线段，在其"参数"卷展栏的"数量"文本框中输入数值 3400.0，把线条拉伸为墙体。

（4）建立顶面。单击"创建"按钮，进入"创建"面板，然后单击"几何体"按钮，在其"对象类型"卷展栏中单击其中的"长方体"按钮，捕捉墙体边缘线创建一个长方体。在视图上选择刚创建的长方体，单击鼠标右键，在弹出的右键菜单中选择"转换为/转换为可编辑网格"命令。

（5）在"选择"卷展栏中单击"顶点"按钮，在前视图中选择如图 6-140 所示的点，然后单击"编辑几何体"卷展栏中的"删除"按钮，把选中的点删除，使长方体成为单面，然后退出点编辑模式。

（6）建立地面。单击"创建"按钮，进入"创建"面板，然后单击"几何体"按钮，在其"对象类型"卷展栏中单击其中的"平面"按钮，在顶视图中捕捉墙体线条创建平板，并将其在前视图中调整到相应的位置。单击"修改"按钮，进入"修改"面板，在其"参数"卷展栏的"数量"文本框中输入"长度"和"高度"的数值都为 1.0mm。

图 6-139　墙体线条

图 6-140　选中需要删除的节点

（7）创建摄像机。单击"创建"按钮 ⚒，进入"创建"面板，然后单击"摄像机"按钮 🎥，在其"对象类型"卷展栏中单击"目标"按钮，在顶视图中拖动鼠标创建一台摄像机，如图 6-141 所示。

（8）在透视图中，按下 C 键，这时，透视视图转为摄像机视图，可以通过在其他视图中移动摄像机的位置来调整摄像机视图的视点角度，摄像机视图效果如图 6-142 所示。

图 6-141　创建摄像机

图 6-142　摄像机视图效果

会议室只建立了 3 个立面的模型，第 4 个面由于在摄像机视图外，可以不建立。这样，适当调整摄像机的位置和视图的效果，可以节约操作时间和加快以后的渲染速度。

（9）单击"显示"按钮 ▣，进入"显示"面板，在"冻结"卷展栏中单击其中的"按名称解冻"按钮，在视图中单击立面图 7 解除其锁定。在前视图中选择立面图 7，单击主工具栏中的"选择并旋转"工具 ↻，然后在 3ds Max 下方单击位置图标 ▣，在 X 文本框内输入数值 90，再按 Enter 键进行确定，如图 6-143 所示。这时，立面图 7 会按 x 轴方向旋转 90°，再单击主工具栏中的"选择并移动"按钮 ✛，把其调整到相应的位置，如图 6-144 所示。

图 6-143　设置旋转数值

（10）用同样的方法，在前视图中选择立面图 8，经过解除锁定、旋转和移动操作，把其调整到相应的位置，如图 6-145 所示。由于立面图 10 和立面图 8 基本相似，选择立面图 10 按下 Delete 键把它删除。同时，把立面图 9 也删除。

图 6-144　立面图 7（前视图）

图 6-145　立面图 8（右视图）

（11）创建窗口。单击"几何体"按钮○，在其"对象类型"卷展栏中单击其中的"长方体"按钮，在前视图中创建一个长方体，如图 6-146 所示。

（12）按住 Shift 键移动或旋转刚创建的长方体，复制两个长方体分别放在另两扇窗户相应的位置，并使墙体穿过这些长方体，如图 6-147 所示。

图 6-146　创建长方体

图 6-147　长方体的位置

（13）单击"创建"按钮※，进入"创建"面板，单击"几何体"按钮○，在其下拉列表中选择"复合对象"类型。然后选择墙体模型，在"拾取布尔"卷展栏中单击"拾取操作对象 B"按钮，在视图上拾取创建的长方体，这时长方体在墙壁上布尔运算出一个洞口作为窗洞。

（14）用同样的方法布尔运算出另外两个窗洞和门洞，这时，摄像机视图的效果如图 6-148 所示。

图 6-148　摄像机视图效果

2．建立会议室的室内模型

（1）建立窗户模型。在左视图中单击"创建"按钮 ，进入"创建"面板，然后单击"图形"按钮 ，在其"对象类型"卷展栏中单击其中的"矩形"按钮，捕捉窗户洞口线条创建一个矩形。

（2）选择刚绘制的曲线，单击"修改"按钮 ，进入"修改"面板，在"可编辑样条线"列表框中选择"样条线"选项，或者在"选择"卷展栏中单击"样条线"按钮 ，进入线条编辑模式。然后单击"几何体"卷展栏中的"轮廓"按钮，在"数值"文本框中输入数值 40.0，并按 Enter 键进行确定，使矩形成为封闭的双线，如图 6-149 所示。

（3）单击"修改"按钮 ，进入"修改"面板，在"修改器列表"的下拉列表中选择"挤出"选项，用于拉伸二维线段，在其"参数"卷展栏的"数量"文本框中输入数值 200.0，把线条拉伸为窗户外框，并在顶视图中将其放置于适当的位置，如图 6-150 所示。

图 6-149　窗户矩形

图 6-150　窗户外框的位置

（4）单击"创建"按钮 ，进入"创建"面板，然后单击"几何体"按钮 ，捕捉窗户外框创建一个平板。再单击"修改"按钮 ，进入"修改"面板，并在其"参数"卷展栏的"宽度段数"文本框中输入数值 2，如图 6-151 所示。

（5）制作窗户内框。在前视图中，单击"创建"按钮 ，进入"创建"面板，然后单击"图形"按钮 ，在其"对象类型"卷展栏中单击其中的"矩形"按钮，根据刚创建的平板的中心参考线，捕捉窗户外框线条创建一个矩形。接着，使用制作窗户外框同样的方法把矩形转化为封闭的双线并拉伸成形，再单击"修改"按钮 ，进入"修改"面板，在"修改器列表"的下拉列表中选择"挤出"选项，在其"参数"卷展栏的"数量"文本框中输入数值 50.0，如图 6-152 所示。这时，可以把平板模型删除。

图 6-151　创建的平板

图 6-152　窗户内框

（6）制作窗玻璃。单击"创建"按钮 ，进入"创建"面板，然后单击"几何体"按钮 ，在其"对象类型"卷展栏中单击其中的"长方体"按钮，捕捉窗户内框线条创建一个长方体，在其"参数"卷展栏的"高度"文本框中输入数值 0.01，并把它放置于窗户内框中间。

（7）单击主工具栏中的"选择并移动"按钮，在右视图中按住 Ctrl 键依次选中窗户内框和窗玻璃，再按住 Shift 键把它们移动并进行"关联"复制。在顶视图中调整窗框的位置，如图 6-153 所示。

（8）按住 Ctrl 键单击选择所有完成的窗框模型，单击"工具"按钮，进入"工具"面板，在"工具"卷展栏中单击"塌陷"按钮。然后在"塌陷"展卷栏中单击"塌陷选定对象"按钮，把它们合并为一个物体，以方便管理和修改。用同样的方法把两块窗玻璃塌陷为一个物体。

（9）把创建的窗框和窗玻璃模型"关联"复制到另外两个窗户洞口相应的位置。

（10）创建门框。在前视图中，单击"创建"按钮，进入"创建"面板，然后单击"图形"按钮，在其"对象类型"卷展栏中，单击其中的"线"按钮，捕捉门洞的边缘线，绘制一条连续的线条。接着单击"修改"按钮，进入"修改"面板，在"可编辑样条线"列表框中选择"样条线"选项，或者在"选择"卷展栏中单击"样条线"按钮，再单击"几何体"卷展栏中的"轮廓"按钮，在按钮后面的文本框中输入数值 100.0，并按 Enter 键进行确定，使门框线条成为封闭的双线，如图 6-154 所示。

图 6-153　窗框的位置

图 6-154　门框线条

（11）单击"修改"按钮，进入"修改"面板，在"修改器列表"的下拉列表中选择"挤出"选项，并在其"参数"卷展栏的"数量"文本框中输入数值 250.0，拉伸出门框。

（12）制作门板。单击"创建"按钮，进入"创建"面板，然后单击"几何体"按钮，在其"对象类型"卷展栏中单击其中的"长方体"按钮，在右视图中捕捉立面图中的门板线条创建一个长方体作为门板，在"参数"卷展栏的"高度"文本框中输入数值 100.0，并在右视图中把它放置于门框中间。

（13）单击"创建"按钮，进入"创建"面板，然后单击"图形"按钮，在其"对象类型"卷展栏中单击其中的"线"按钮，捕捉门板上其中一条装饰线，绘制一条连续的线条，如图 6-155 所示。单击"修改"按钮，进入"修改"面板，在"修改器列表"的下拉列表中选择"挤出"选项，并在其"参数"卷展栏的"数量"文本框中输入数值 100.0。

（14）在视图中调整长方体的位置，使其三分之一嵌入门板模型。单击"创建"按钮，进入"创建"面板，单击"几何体"按钮，在其下拉列表中选择"复合对象"类型，在其"对象类型"卷展栏中单击"布尔"按钮，然后选择门板模型，单击"拾取布尔"卷展栏中的"拾取操作对象 B"按钮，在视图上拾取创建的长方体，这时长方体在门板上就被剪为一个凹陷的装饰面。

（15）用同样的方法制作出另外 2 个装饰面，然后单击主工具栏中的"镜像"按钮，把创建的门板以"关联"的方式镜像复制，并调整到相应的位置。这时，大门的模型效果如图 6-156 所示。

（16）按住 Ctrl 键选择门框和门板模型，单击"工具"按钮，进入"工具"面板，在"工具"卷展栏中单击"塌陷"按钮。然后在"塌陷"展卷栏中单击"塌陷选定对象"按钮，把它们合并为一个物体。

图 6-155　绘制装饰线

图 6-156　大门的模型

3．建立会议室顶棚模型

（1）在顶视图中选择会议室平面图，单击鼠标右键，在弹出的右键菜单中选择"隐藏选定对象"命令对其进行隐藏。同时，把顶棚图解除锁定，并将其调整到相应的位置。

（2）单击"创建"按钮 ，进入"创建"面板，然后单击 "几何体"按钮 ，在其"对象类型"卷展栏中单击其中的"长方体"按钮，在顶视图中捕捉顶棚图的线条创建一个长方体，在"参数"卷展栏的"长度分段""宽度分段""高度"文本框中分别输入数值 15.0mm、4.0mm 和 100.0mm，如图 6-157 所示。

（3）在视图上选择刚创建的长方体，单击鼠标右键，在弹出的右键菜单中选择"转化为/转化为可编辑网格"命令，单击"修改"按钮 ，进入"修改"面板，在"可编辑网格"列表框中选择"顶点"选项，进入点编辑模式。根据顶棚图移动长方体的节点，如图 6-158 所示。

（4）激活顶视图，按下 B 键使顶视图切换为底视图。单击"修改"按钮 ，进入"修改"面板，在"可编辑样条线"列表框中选择"多边形"选项，或者在"选择"卷展栏中单击"多边形"按钮 ，按住 Ctrl 键选择如图 6-159 所示的面，被选中的面显示为红色。

图 6-157　创建顶棚长方体

图 6-158　编辑节点

（5）单击"修改"按钮 ，进入"修改"面板，在"修改器列表"的下拉列表中选择"挤出"选项，在其"参数"卷展栏的"数量"文本框中输入数值-80.0，然后按 Enter 键进行确定，这样就制作出吊顶的灯槽，如图 6-160 所示。

图 6-159　选择编辑面

图 6-160　吊顶灯槽效果

（6）单击"创建"按钮，进入"创建"面板，然后单击 "几何体"按钮，在其"对象类型"卷展栏中单击其中的"长方体"按钮，捕捉一个吊顶灯槽的线条创建一个长方体作为发光片，并设置其"高度"文本框内数值为 0.0mm，使之成为没有高度的单面长方体。

（7）在右视图中调整发光片的位置，使它在灯槽的中间。按住 Shift 键移动发光片进行"关联"复制，并把复制出的其他发光片调整到相应的位置。然后按住 Ctrl 键依次选择所有的发光片，单击"工具"按钮，进入"工具"面板，在"工具"卷展栏中单击"塌陷"按钮，在其"塌陷"卷展栏中单击"塌陷选定对象"按钮，把它们合并为一个物体，如图 6-161 所示。

（8）用同样的方法制作另一块吊顶和发光片，并在前视图中将其调整到相应的位置，如图 6-162 所示。

（9）制作筒灯。单击"创建"按钮，进入"创建"面板，然后单击"几何体"按钮，在其"对象类型"卷展栏中单击其中的"圆柱体"按钮，在顶视图中绘制一个圆柱体作为灯片。接着单击"修改"按钮，进入"修改"面板，在"参数"卷展栏的"半径""高度"文本框中分别输入数值 40.0 和 1.0。

图 6-161　创建的发光片

图 6-162　调整吊顶的位置

（10）单击"创建"按钮，进入"创建"面板，然后单击"几何体"按钮，在其"对象类型"卷展栏中，单击其中的"管状体"按钮，在顶视图创建一个圆管，并在其"参数"卷展栏的"半径1"、"半径2"和"高度"文本框内分别输入数值 40.0mm、50.0mm 和 6.0mm。

（11）把刚创建的灯片和圆管中心对齐。然后选中灯片模型，单击主工具栏中的"对齐"按钮，在视图上单击圆管模型，在弹出的"对齐当前选择"对话框中进行如图 6-163 所示设置。这时，筒灯模型如图 6-164 所示。

图 6-163　对齐参数设置

图 6-164　筒灯模型

（12）单击主工具栏中的"对齐"按钮 ，把筒灯对齐在吊顶的下方。然后，单击 $\boxed{\text{Shift}}$ 键复制其余的筒灯，并在弹出的"复制选项"对话框中设置复制方式为"关联"。这时，场景效果如图 6-165 所示。

图 6-165　场景效果

4. 导入家具模型

（1）合并茶几模型。选择菜单栏中的"3ds"→"导入"→"合并"命令，在弹出的"合并文件"对话框中选择相应路径下的"源文件\3D\模型\会议室\茶几.Max"文件，单击"打开"按钮。

（2）在弹出的"合并-茶几.Max"对话框中单击"全部"按钮，再单击"确定"按钮导入文件所有的模型。

（3）导入模型文件后，单击"视口导航控件"工具栏中的"所有视图最大化"按钮，使所有视图中的模型居中显示，这样就能很快找到视图中刚合并的茶几模型并进行操作。

（4）单击主工具栏中的"选择并移动"按钮、"选择并缩放"按钮和"选择并旋转"按钮，把茶几模型放在会议室中相应的位置。

（5）使用同样的方法在相应路径下依次合并窗帘、沙发和装饰画模型，并进行位置、大小的调整和"关联"复制，将它们放在各自相应的位置。最后，激活会议室摄像机视图，按下 $\boxed{\text{F9}}$ 键进行快速渲染，效果如图 6-166 所示。

图 6-166　摄像机视图效果

6.4.3　添加灯光

（1）在主工具栏中的"选择过滤器"的下拉列表框中选择"L-灯光"，使在场景中能针对性地选择灯光模型。

（2）单击"创建"按钮 ✹，进入"创建"面板，然后单击"灯光"按钮 ◁，在其"对象类型"卷展栏中单击其中的"目标灯光"按钮，在前视图中单击鼠标左键创建 1 个目标面光源，如图 6-167 所示。然后，单击"修改"按钮 ◿，进入"修改"面板，调整面光源的具体参数如图 6-168 所示。

图 6-167　创建目标灯光

图 6-168　光源的参数

（3）单击主工具栏中的"选择并移动"按钮 ✛，按住 Shift 键"关联"复制面光源，如图 6-169 所示。然后，把复制的面光源在顶视图中调整到和筒灯相对应的位置，如图 6-170 所示。

图 6-169　关联复制面光源

图 6-170　光源位置布置

（4）单击"创建"按钮，进入"创建"面板，单击"灯光"按钮，在其"对象类型"卷展栏中单击其中的"泛光"按钮，在视图中创建一个点光源，如图 6-171 所示。

（5）单击"创建"按钮，进入"创建"面板，然后单击"灯光"按钮，在其"对象类型"卷展栏中单击其中的"目标聚光灯"按钮，在视图中创建一个目标聚光灯，如图 6-172 所示。

图 6-171　创建点光源

图 6-172　创建目标聚光灯

（6）选择刚创建的目标聚光灯，单击"修改"按钮，进入"修改"面板，在"聚光灯参数"卷展栏中设置灯光倍增参数，如图 6-173 所示。

（7）单击主工具栏中的"选择并移动"按钮，按住 Shift 键"关联"复制聚光灯，并把它在顶视图中调整到如图 6-174 所示的位置。

图 6-173　调整聚光灯参数

图 6-174　调整聚光灯的位置

（8）检查场景中的模型文件，把导入的 DWG 平面图文件、视图之外的模型文件和模型中不必要的面全部删除。这时，会议室场景的灯光布置如图 6-175 所示。

图 6-175　会议室灯光布置

6.5　建立宾馆标准层和公共走道的立体模型

本节主要介绍如何创建宾馆标准层和公共走道的立体模型，以巩固 3ds Max 2016 的建模方法。

（光盘：动画演示\第 6 章\建立公共走道立体模型.avi）

**6.5 建立公共走道
立体模型**

6.5.1　导入 AutoCAD 模型并进行调整

（1）运行 3ds Max 2016。

（2）选择菜单栏中的"自定义"→"单位设置"命令，在弹出的"单位设置"对话框中设置计量单位为"毫米"。

（3）选择菜单栏中的"3ds"→"导入"命令，在弹出的"选择文件导入"对话框中选择本书配套光盘中的"源文件\CAD\施工图\公共走道.dwg"文件，再单击"打开"按钮确定。

（4）在弹出的"DWG 导入"对话框中选择"合并对象和当前场景"命令，并单击"确定"按钮。这时，弹出"导入 AutoCAD DWG 文件"对话框，在该对话框中设置各选项。然后，单击"确定"按钮把 DWG 文件导入场景中。

（5）调整 DWG 文件，把标注、纹理等无用的线条进行删除。然后，单击主工具栏中的"按名称选择"按钮🔳，分别框选标准层 DWG 文件中的 2 个立面图和 3 个平面图，选择菜单栏中的"组→组"命令，分别对它们进行成组、重命名和设定颜色属性操作，使它们在顶视图中如图 6-176 所示。

（6）选择标准层的顶棚平面图，单击鼠标右键，在弹出的右键菜单中选择"隐藏未选定对象"命令，把其余 DWG 文件隐藏。

（7）单击"视口导航控件"工具栏中的"所有视图最大化显示"按钮🔳，使顶棚平面图在各视图中居中显示，如图 6-177 所示。

图 6-176　调整 DWG 文件

图 6-177　居中显示标准层顶棚图

6.5.2　建立标准层公共走道基本模型

1. 建立标准层外墙模型

（1）打开捕捉设置，在顶视图中单击"创建"按钮🔳，进入"创建"面板，然后单击"图形"按钮🔲，在其"对象类型"卷展栏中单击其中的"线"按钮，捕捉标准层顶棚图中的墙体外边缘线，绘制一条连续的线条。

（2）选择绘制的线条，单击"修改"按钮📝，进入"修改"面板，在"可编辑网格"列表框中选择"顶点"选项，或者在"选择"卷展栏中单击"顶点"按钮🔳，选择弧形边缘线上的节点，在弹出的右键菜单中选择"赛贝尔角点",这时在节点上会出现调杆,通过移动调杆来调节线段的弧度,使其和顶棚图的弧形边缘线相一致,如图 6-178 所示。

(3)调整完曲线后,退出点编辑模式。单击主工具栏中的"选择并移动"按钮 ✛,按住 Shift 键移动曲线并进行复制,并把复制的曲线重命名,放到顶棚图边进行备用。

(4)单击"创建"按钮 ✱,进入"创建"面板,然后单击"图形"按钮 ,在其"对象类型"卷展栏中单击其中的"线"按钮,接着单击"修改"按钮 ,进入"修改"面板,在"可编辑样条线"列表框中选择"样条线"选项,或者在"选择"卷展栏中单击"样条线"按钮 ,在"几何体"卷展栏中单击"轮廓"按钮,在"数量"文本框中输入数值-250.0,并按 Enter 键进行确定,使墙壁线条成为封闭的双线,如图 6-179 所示。

图 6-178 调节线段弧度

图 6-179 墙壁线条

(5)单击"修改"按钮 ,进入"修改"面板,在"修改器列表"的下拉列表中选择"挤出"选项,并在其"参数"卷展栏的"数量"文本框中输入数值 3000.0,把线条拉伸为墙体,如图 6-180 所示。

(6)建立地面。使用前面的方法绘制地面线条,然后单击"修改"按钮 ,进入"修改"面板,在"修改器列表"的下拉列表中选择"挤出"选项,并在其"参数"卷展栏的"数量"文本框中输入数值 1.0,把线条拉伸为单面形体。

(7)选择地面模型,单击主工具栏中的"对齐"按钮 ,然后在顶视图上单击墙壁模型,在弹出的"对齐选择"对话框中设置参数如图 6-181 所示,单击"确定"按钮进行模型对齐。

图 6-180 拉伸墙壁

图 6-181 对齐选择设置

2．建立标准层内部墙体模型

（1）单击鼠标右键，在弹出的右键菜单中选择"按名称取消隐藏"命令，然后在弹出的"取消隐藏"对话框中选择标准间平面图，单击"取消隐藏"按钮打开标准间平面图。

（2）打开捕捉设置，在顶视图中单击"创建"按钮，进入"创建"面板，然后单击"图形"按钮，在其"对象类型"卷展栏中单击其中的"矩形"按钮，捕捉标准间平面图的墙体外边缘线，绘制一个矩形；再次绘制一个较小的矩形，如图 6-182 所示。

图 6-182　绘制线条

（3）选择矩形右击，在弹出的快捷菜单中选择"转换为可编辑样条线"命令，然后单击"修改"按钮，进入"修改"面板，在"可编辑样条线"列表框中选择"样条线"选项，或者在"选择"卷展栏中单击"样条线"按钮，进入样条线编辑模式，单击"几何体"卷展栏中的"轮廓"按钮，在"数值"文本框中输入参数-250.0，并按 Enter 键进行确定，使墙壁线条成为封闭的双线。

（4）单击"几何体"卷展栏中的"修剪"按钮，在顶视图上依次选择两个矩形相交的线段进行修剪，如图 6-183 所示。

（5）由于修剪后的线段都是断开的，进入点编辑模式，在顶视图中框选矩形所有的节点。然后单击"几何体"卷展栏中的"焊接"按钮，焊接所有的点。这时，修剪后的矩形线段如图 6-184 所示。

图 6-183　修剪相交线段

图 6-184　修剪后的矩形线段

（6）单击"创建"按钮，进入"创建"面板，在其"对象类型"卷展栏中单击其中的"矩形"按钮，结合捕捉工具绘制 3 个矩形，如图 6-185 所示。

（7）退出点编辑模式，单击"修改"按钮 🖉，进入"修改"面板，在"修改器列表"的下拉列表中选择"挤出"选项，并在其"参数"卷展栏的"数量"文本框中输入数值 2800.0，使矩形拉伸为标准间的基本墙体，如图 6-186 所示。

（8）建立门洞。单击"几何体"按钮 ⚪，在其"对象类型"卷展栏中单击其中的"长方体"按钮，在顶视图中结合捕捉设置创建一个长方体，在其"参数"卷展栏的"长度"、"宽度"和"高度"文本框内分别输入数值 500.0mm、900.0mm 和 2100.0mm。然后，单击主工具栏中的"选择并移动"按钮 ✥，按住 Shift 键在视图上移动长方体并复制出另一个长方体。调整两个长方体的位置，如图 6-187 所示。

图 6-185　墙体矩形

图 6-186　基本墙体

（9）单击"创建"按钮 ✳，进入"创建"面板，单击"几何体"按钮 ⚪，在其下拉列表中选择"复合对象"类型，在其"对象类型"卷展栏中单击"布尔"按钮。然后选择墙壁模型，单击"拾取布尔"卷展栏中的"拾取操作对象 B"按钮，在视图上拾取刚创建的长方体，这时长方体在墙壁上布尔运算出门洞。重复这一操作，用另一个长方体布尔运算出第 2 个门洞。这时，墙体模型如图 6-188 所示。

图 6-187　长方体的位置

图 6-188　墙体模型

（10）在顶视图中选择标准间墙体模型，按住 Shift 键结合主工具栏中的"选择并移动"按钮 ✥ 和"选择并旋转"按钮 ↻ 进行"关联"复制，并调整墙体模型的位置和标准层顶棚图的标准间线条相一致，如图 6-189 所示。

（11）创建标准层北部的标准间墙体。使用本小节（2）~（7）步骤同样的方法和参数创建一个墙体，如图 6-190 所示。

图 6-189 调整墙体的位置

图 6-190 创建的墙体

（12）选择刚创建的墙体模型，按住 Shift 键结合主工具栏中的"选择并移动"按钮 ，根据标准层顶棚图关联复制出另一个墙体模型，并单击"选择并旋转"按钮 ，在顶视图中对其调整位置，如图 6-191 所示。

（13）由于标准层北部的标准间呈弧形走向，所以每个标准间的墙体都不一样，需要逐一进行具体调整。选择刚复制的墙体模型，单击"修改"按钮 ，进入"修改"面板，在"可编辑样条线"列表框中选择"顶点"选项，或者在"选择"卷展栏中单击"顶点"按钮 ，使模型在视图上显示出编辑节点，如图 6-192 所示。

图 6-191 复制墙体模型

图 6-192 进入顶点编辑模式

（14）单击工具栏中的"移动"按钮 ，在顶视图上移动墙体模型上的节点，使墙体模型的线条和标准层顶棚图的标准间线条相一致。然后，单击"修改"按钮 ，进入"修改"面板，单击"几何体"卷展栏中的"优化"按钮，选择需要增加节点的线条并插入节点，如图 6-193 所示。最后，调整节点如图 6-194 所示，退出点编辑模式。

图 6-193 插入节点

图 6-194 调整节点后的墙体线条

（15）使用本小节（12）～（14）步骤同样的方法复制和调整其余的标准间模型。然后，使用本小节（8）和（9）步骤同样的方法建立标准层北部的标准间门洞。

（16）创建摄像机。单击"创建"按钮 ，进入"创建"面板，然后单击"摄像机"按钮，在其"对象类型"卷展栏中单击其中的"目标"按钮，在顶视图中创建一台摄像机，如图 6-195 所示。选择透视图，按下 C 键，这时透视图转为摄像机视图，可以通过在其他视图中移动摄像机的位置来调整摄像机视图的视点角度。

（17）使用创建标准间同样的方法制作标准层内部的其他墙体基本模型。最后，标准层基本模型如图 6-196 所示。然后，单击主工具栏中的"选择并移动"按钮，在右视图中选择地面模型，按住 Shift 键将其沿 y 轴方向向上移动 2800.0mm，复制为顶棚模型。

图 6-195　创建摄像机

图 6-196　标准层基本模型

3．建立公共过道基本模型

（1）制作走道踢脚。打开捕捉设置，在顶视图中单击"创建"按钮，进入"创建"面板，然后单击"图形"按钮，在其"对象类型"卷展栏中单击其中的"线"按钮，捕捉一个标准间的墙体边缘线，绘制一条连续的线条。其中，线条包括 8 个节点，在门洞两边各有一个节点。

（2）单击"修改"按钮，进入"修改"面板，在"可编辑样条线"列表框中选择"样条线"选项，或者在"选择"卷展栏中单击"样条线"按钮，选择门洞两边节点中间的线段，按下 Delete 键进行删除，如图 6-197 所示。

图 6-197　选择线段

（3）在其"参数"卷展栏的"轮廓"文本框中输入数值 80.0，并按 Enter 键进行确定，使踢脚线条成为封闭的双线，如图 6-198 所示。

（4）退出线编辑模式，单击"修改"按钮，进入"修改"面板，在"修改器列表"的下拉列表中选择"挤出"选项，在其"参数"卷展栏的"数量"文本框中输入数值 150.0，使线条拉伸为踢脚模型。然后在顶视图中选择该模型，按住 Shift 键结合主工具栏中的"选择并移动"按钮 ，"关联"复制出另外 3 个踢脚模型到相应的位置，如图 6-199 所示。

图 6-198　踢脚线条

图 6-199　复制到相应的位置

（5）在前视图中选择 4 个踢脚模型，按住 Shift 键单击主工具栏中的"选择并移动"按钮 ，将它们向上移动到和立面图的腰线相对应的位置，复制为走道的腰线模型。

（6）使用制作公共走道踢脚模型同样的方法制作墙裙模型和标准间对面墙壁的踢脚等模型，其中线条拉伸的数值为 600.0mm。完成后，公共走道的摄像机视图效果如图 6-200 所示。

（7）选择走道立面图中的一个踢脚模型，单击鼠标右键，在弹出的右键菜单中选择 "转换为/转换为可编辑网格"选项，在"选择"卷展栏中单击"多边形"按钮 ，进入面编辑模式。然后按住 Ctrl 键依次选择如图 6-201 所示的面，按下 Delete 键进行删除，使模型成为单面的形体，以减少渲染时的运算时间。

（8）使用同上个步骤一样的方法把公共走道其余的踢脚、腰线和墙裙隐藏的内面删除。在删除走道左面的踢脚内面时，在前视图左上角上单击鼠标右键，在快捷菜单中选择背面命令，把前视图切换为背视图。这样才能正确地选择其隐藏的内面，避免选错。

图 6-200　摄像机视图效果

图 6-201　选择面

（9）删除所有模型的隐藏内面后，选择这些踢脚、腰线和墙裙模型，单击"工具"按钮 ，进入"工具"面板，在其"工具"卷展栏中，单击 "塌陷"按钮。然后，在弹出的"塌陷"展卷栏中单击"塌陷选定对象"按钮，把它们塌陷为一个网格类型模型，以方便管理和进行修改。

4．建立完整的公共走道

（1）创建门框。打开捕捉设置，在顶视图中单击"创建"按钮 ，进入"创建"面板，然后单击"图形"按钮，在其"对象类型"卷展栏中单击其中的"线"按钮，捕捉立面图门框线条，绘制一条连续的线条，如图 6-202 所示。

（2）单击"修改"按钮，进入"修改"面板，在"修改器列表"的下拉列表中选择"挤出"选项，并在其"参数"卷展栏中的"数量"文本框中输入数值 250.0，把线条拉伸为门框模型，并将其调整到相应的位置。

（3）在背视图中按下 F 键，把视图切换回前视图。在前视图中选择门框模型，单击鼠标右键，在弹出的右键菜单中选择"转化为/转化为可编辑网格"选项，单击"修改"按钮，进入"修改"面板，在"可编辑网格"列表框中选择"多边形"选项，或者在"选择"卷展栏中单击"多边形"按钮，进入面编辑模式。然后在前视图中选择如图 6-203 所示的面，按下 Delete 键进行删除，使门框成为单面的形体。

图 6-202　绘制门框线条

图 6-203　选择门框的面

（4）创建门板。单击"创建"按钮，进入"创建"面板，然后单击"几何体"按钮，在其"对象类型"卷展栏中单击其中的"长方体"按钮，在前视图中结合捕捉设置创建一个长方体，在其"参数"卷展栏中的"长度"、"宽度"、"高度"、"长度段数"和"宽度段数"文本框中分别输入数值 2100.0mm、900.0mm、100.0mm、3 和 3，结果如图 6-204 所示。

（5）选择刚创建的长方体，在弹出的右键菜单中选择"转换为/转换为可编辑网格"命令，单击"修改"按钮，进入"修改"面板，在"可编辑网格"列表框中选择"顶点"选项，或者在"选择"卷展栏中单击"顶点"按钮，移动长方体的编辑节点，如图 6-205 所示。

图 6-204　创建长方体

图 6-205　编辑长方体节点

（6）单击"选择"展卷栏中的"多边形"按钮，切换到面编辑模式，选择如图 6-206 所示的面，然后单击"几何体"卷展栏中的"拉伸"按钮，在后面的文本框中输入-15.0，并按下 Enter 键进行确定。

（7）按下 F 键，把视图切换回前视图。在前视图中选择如图 6-207 所示的面，按下 Delete 键删除，使门板成为单面形体。然后，按住 Shift 键结合主工具栏中的"选择并移动"按钮 ✥ 和"选择并旋转"按钮 ↻，复制出另外 4 个门板模型并将它们调整到相应的位置。

（8）创建疏散标志。单击"创建"按钮 ✳，进入"创建"面板，然后单击"几何体"按钮 ◯，在其"对象类型"卷展栏中单击其中的"长方体"按钮，在前视图中捕捉立面图中的疏散标志创建一个长方体，并在其"参数"卷展栏的"高度"文本框中输入数值 20.0，结果如图 6-208 所示。然后，复制出另外 3 个长方体并在顶视图中把它们调整到相应的位置，再用同样的方法创建公共走道的开关器模型并将它们调整到相应位置。

图 6-206　选择面进行拉伸

图 6-207　选择面进行删除

（9）创建筒灯。单击"创建"按钮 ✳，进入"创建"面板，然后单击"图形"按钮 ◯，在其"对象类型"卷展栏中单击其中的"线"按钮，在前视图中绘制一条连续的线条。接着单击"修改"按钮 ◿，进入"修改"面板，在"可编辑样条线"列表框中选择"点"选项进行调整，结果如图 6-209 所示。

图 6-208　创建疏散长方体

图 6-209　绘制线条

（10）选择线条，单击"修改"按钮 ◿，进入"修改"面板，在"修改器列表"的下拉列表中选择"车削"选项，然后在"车削"列表框中选择"轴"选项，在前视图中沿 x 轴方向移动形体，使其如图 6-210 所示。

（11）创建灯片。单击"创建"按钮 ✳，进入"创建"面板，然后单击"几何体"按钮 ◯，在其"对象类型"卷展栏中单击其中的"圆柱体"按钮，在顶视图中创建一个圆柱体，在其"参数"卷展栏的"半径"和"高度"文本框中输入数值 54.0mm 和 10.0mm。

（12）选择刚创建的圆柱体，单击主工具栏中的"对齐"按钮 ▤，再在视图上单击拾取筒灯模型，在弹出的"对齐选择"对话框中设置参数如图 6-211 所示，单击"确定"按钮对齐灯片和筒灯模型。然后，为灯片模型重命名为"灯片"。

图 6-210 筒灯模型

图 6-211 设置对齐参数

（13）选择筒灯和灯片模型，在视图中调整其位置。然后，在顶视图中按住 Shift 键结合主工具栏中的"选择并移动"按钮 对它们进行"关联"复制，如图 6-212 所示。

（14）合并壁灯模型。选择菜单栏中的"3ds"→"导入"→"合并"命令，在弹出的"合并文件"对话框中选择光盘相应路径下的"壁灯.3ds"模型文件，单击"打开"按钮进行确定。

（15）在弹出的"合并-壁灯.Max"对话框中单击全部按钮，再按"确定"按钮确定，以导入所有的模型。

（16）导入模型文件后，单击"视口导航控件"中的"所有视图最大化显示"按钮 ，使所有视图中的模型居中显示，这样就能很快找到视图中刚合并的壁灯模型并进行操作。然后单击主工具栏中的"选择并移动"按钮 、"选择并缩放"按钮 和"选择并旋转"按钮 ，把壁灯模型放在公共走道相应的位置。这时，公共走道的摄像机视图效果如图 6-213 所示。

图 6-212 复制筒灯模型

图 6-213 摄像机视图效果

（17）选择立面图文件，按下 Delete 键进行删除。然后检查视图，删除摄像机视图以外的所有模型，以便进行快速操作。

6.5.3 添加灯光

（1）在主工具栏中的"选择过滤器"的下拉列表框中选择"L-灯光"，使在场景中能针对性地选择灯光模型。

（2）单击"创建"按钮，进入"创建"面板，然后单击"灯光"按钮，在其"对象类型"卷展栏中单击其中的"目标灯光"按钮，在前视图中单击鼠标左键创建 1 个目标面光源，如图 6-214 所示。

图 6-214　创建目标灯光

（3）单击主工具栏中的"选择并移动"按钮，按住 Shift 键移动面光源，以"关联"的方式复制出另外 6 个矩形光源。然后，把复制的面光源在顶视图中调整到如图 6-215 所示的位置。

图 6-215　面光源位置布置

（4）检查场景中的模型文件，把导入的 DWG 平面图文件、视图之外的模型文件和模型中不必要的面全部删除。这时，公共走道场景的灯光布置如图 6-216 所示。

图 6-216　公共走道灯光布置

第7章

V-Ray 基础

■ V-Ray作为3D软件镶嵌的渲染插件，目前能够支持常用的几款3D动画制作软件。大家应该对3ds Max比较熟悉，插件是作为辅助3ds Max提高性能的附加工具而出现的。3ds Max中进行计算机动画制作的插件种类繁多，最常用也是大家比较感兴趣的就是有关图像渲染方面的插件。本章将针对V-Ray渲染面板进行简单的讲解，在后面的实战应用中将主要讲解其用法及特定功能的使用。

7.1 V-Ray 的操作界面介绍

图 7-1 所示为 V-Ray 的工作界面。

在 V-Ray Adv 3.00.07 版本的渲染面板中共有 10 个卷展栏，它们在调节和使用的过程中有不同的需要和选择，下面逐一进行讲解。

（1）"授权[无名汉化]"卷展栏：显示 V-Ray 的安装路径以及注册和破解信息，如图 7-2 所示。

图 7-1 V-Ray 的工作界面

图 7-2 V-Ray "授权"卷展栏

（2）"关于 V-Ray"卷展栏：显示所安装的 V-Ray 版本信息，如图 7-3 所示。

（3）"帧缓冲区"卷展栏：该卷展栏为用户提供了 3 种功能，即根据效果的大小、可自动选择尺寸或自定义尺寸；提供了效果图的保存路径和两种渲染通道，如图 7-4 所示。

图 7-3 "关于 V-Ray"卷展栏

图 7-4 "帧缓冲区"卷展栏

（4）"全局开关（无名汉化）"卷展栏：在"全局开关"卷展栏中为用户提供了 3 种模式，分别为基本模式、高级模式和专家模式，用户可根据需求来设置渲染中的一系列物体和灯光参数，如图 7-5 所示。

图 7-5 "全局开关"卷展栏

（5）"图像采样器（抗锯齿）"卷展栏：在"图像采样器（抗锯齿）"卷展栏中有两个选项，分别是图像采样和抗锯齿过滤器，主要应用于效果图的品质采样和消除锯齿，如图 7-6 所示。

（6）"自适应图像采样器"卷展栏：它是用的最多的采样器，对于模糊和细节要求不太高的场景，可以得到速度和质量的平衡，如图 7-7 所示。在室内效果图的制作中，这个采样器几乎可以适用于所有场景。

图 7-6 "图像采样器（抗锯齿）"卷展栏

图 7-7 "自适应图像采样器"卷展栏

（7）"全局确定性蒙特卡洛"卷展栏：通过调整自适应数量、噪波阈值、全局细分倍增和最小采样的参数，使渲染效果图更加清晰完美，如图 7-8 所示。

（8）"环境"卷展栏：勾选全局照明环境选项卡前的复选框，开启场景环境光，通过倍增器可以调节和控制场景光的颜色及亮度，如图 7-9 所示。

图 7-8 "全局确定性蒙特卡洛"卷展栏

图 7-9 "环境"卷展栏

（9）"颜色贴图"卷展栏：在"颜色贴图"卷展栏的类型中为用户提供了 7 种颜色曝光控制方式，通过下面的明暗倍增器来调节效果图中的明暗数值，如图 7-10 所示。

（10）"摄像机"卷展栏：在场景中设置摄像机后，在"摄像机"卷展栏中会显示摄像机类型、摄像机参数及景深功能，和真实摄像机一样为用户提供专业的镜头参数，如快门、光圈和焦距等数值的调节，如图 7-11 所示。

图 7-10 "颜色贴图"卷展栏

图 7-11 "摄像机"卷展栏

7.2 V-Ray 渲染器的渲染常识

7.2.1 V-Ray 渲染器的特点

（1）V-Ray 渲染器已达到照片级别、电影级别的渲染质量，像《指环王》中的某些场景就是利用它渲染的。

（2）V-Ray 渲染器应用广泛。因为 V-Ray 支持像 3ds Max、Maya、Sketchup、Rhino 等许多的三维软件，因此深受广大设计师的喜爱，也因此应用到了室内、室外、产品、景观设计表现及影视动画、建筑环游等诸多领域。

（3）V-Ray 自身有很多的参数可供使用者进行调节，使用者可根据实际情况，控制渲染的时间（渲染的速度），从而得到不同效果与质量的图片。

7.2.2 V-Ray 渲染器灯光类型及特点

V-Ray 渲染器自带的灯光类型分为 3 种，即平面的、穹顶的和球形的。在与 V-Ray 渲染器专用的材质和贴图配合使用时，效果会比 Max 的灯光类型要柔和、真实且阴影效果更为逼真。但同时也存在一些缺点，当使用 V-Ray 的全局照明系统时，如果渲染质量过低（或参数设置不当）则会产生噪点和黑斑，且渲染的速度比 Max 的灯光类型要慢一些。而对于 V-Ray Sun（V-Ray 阳光），它与 V-Ray Sky（V-Ray 天光）或 V-Ray 的环境光一起使用时能模拟出自然环境的天空照明系统，并且操作简单、参数设置少、方便运用，但是没有办法控制其颜色变化、阴影类型等因素。

7.3 V-Ray 材质

V-RayMtl（V-Ray 材质）是 V-Ray 渲染系统的专用材质。V-Ray 材质能在场景中得到更好和正确的照明（能量分布）、更快的渲染、更方便控制的反射和折射参数，如图 7-12 所示。

图 7-12 V-RayMtl 材质图

在 V-RayMtl 中能够应用不同的纹理贴图，以更好地控制反射和折射。

7.3.1　V-RayMtl 材质

"基本参数"卷展栏如图 7-13 所示，部分功能介绍如下。

- 漫反射（Diffuse）：在纹理贴图部分（texture maps）的漫反射贴图通道凹槽中使用一个贴图替换这个倍增器的值。

- 反射（Reflection）：一个反射倍增器。可以在纹理贴图部分（texture maps）的反射贴图通道凹槽中使用一个贴图替换这个倍增器的值。

- 高光光泽度（Hilight glossiness）：控制材质的高光状态。

- 反射光泽度（Refl glossiness）：随着取值的大小，反射效果会发生明显的变化，取值数值越来越小，反射效果就会越来越明显。

- 细分（Subdivs）：用来控制反射光泽度的品质。

- 使用插值（Use interpolation）：使用一种类似于发光贴图的缓存。

- 折射率（IOR）：主要用来设置菲涅耳折射的折射率。

- 最大深度（Max depth）：定义反射能完成的最大次数。

- 退出颜色（Exit color）：当反射强度大于反射贴图的最大深度值时，将反射设置成该颜色。

7.3.2　V-Ray 材质包裹器（VRayMtlWrapper Parameters）

V-Ray 包裹材质主要用于控制材质的全局光照、焦散和不可见属性。通过 V-Ray 包裹材质可以将标准材质转换为 V-Ray 渲染器支持的材质类型。如果一个材质在场景中过亮或色溢太多，那么嵌套这个材质，可以控制产生/接受 GI 的数值。它多数用于控制有自发光的材质和饱和度过高的材质，如图 7-14 所示。

图 7-13　V-RayMtl 卷展栏

图 7-14　V-Ray 包裹材质

- 基本材质（Base material）：用于设置嵌套。

- 生成全局照明（Generate GI）：产生全局光及其强度。

- 生成焦散（Generate caustics）：接收全局光及其强度。

- 接收焦散（Receive caustics）：设置材质产生焦散效果。

- 无光曲面（Matte surface）：物体表面为具有阴影遮罩属性的材质，使该物体在渲染时不可见，但该物体仍出现在反射/折射中，并且仍然能产生间接照明。

- Alpha 基值：物体在 Alpha 通道中显示的强度。光数值为 1 时，表示物体在 Alpha 通道中正常显示；数值为 0 时，表示物体在 Alpha 通道中完全不显示。

- 阴影（Shadows）：用于控制遮罩物体是否接收直接光照产生的阴影效果。

- 影响 Alpha（Affect alpha）：直接光照是否影响遮罩物体的 Alpha 通道。

- 颜色（Color）：控制被包裹材质的物体接收的阴影颜色。

- 亮度（Brightness）：控制遮罩物体接收阴影的强度。

- 反射量（Reflection amount）：控制遮罩物体的反射程度。

- 折射量（Reflection amount）：控制遮罩物体的折射程度。

- 全局照明量（GI amount）：控制遮罩物体接收间接照明的程度。

7.3.3　灯光材质（V-RayLightMtl）

V-Ray 灯光材质是一种自发光的材质，通过设置不同的倍增值，如图 7-15 所示，可以在场景中产生不同的明暗效果。它可以用来做自发光的物件，如灯带、电视机屏幕、灯箱等。

- 颜色（Color）：用于设置自发光材质的颜色，如果有贴图，则以贴图的颜色为准，此值无效。

- 细分（Subdivs）：用于设置自发光材质的亮度，相当于灯光的倍增器。

- 背面发光（Emit light on back side）：用于设置材质是否两面都产生自发光。

- 不透明度（Opacity）：用于指定贴图作为自发光。

7.3.4　双面材质（V-Ray2sidedMtl）

V-Ray 双面材质用于表现两面不一样的材质贴图效果，可以设置其双面相互渗透的透明度，如图 7-16 所示。这个材质非常简单易用。

图 7-15　V-Ray 灯光材质

图 7-16　V-Ray 双面材质

- 正面材质（Front）：用于设置物体前面的材质为任意材质类型。

- 背面材质（Back material）：用于设置物体背面的材质为任意材质类型。

- 半透明（Translucency）：设置两种以上材质的混合度。当颜色为黑色时，会完全显示正面的漫反射颜色；当颜色为白色时，会完全显示背面材质的漫反射颜色；也可以利用贴图通道来进行控制。

7.3.5 混合材质（V-RayBlendMtl）

V-Ray 混合材质可以在曲面的单个面上将两种材质进行混合。混合材质具有可设置动画的混合量参数，该参数可以用来绘制材质变形功能曲线，以控制随时间混合两个材质的方式，如图 7-17 所示。

图 7-17　V-Ray 混合材质

- 基本材质（Base material）：指定被混合的第一种材质。

- 相加（虫漆）模式（形成发亮的多层材质的效果）[Additive（shellac）mode]：指定混合在一起的其他材质。

- 混合数量（Blend amount）：设置两种以上材质的混合度。当颜色为黑色时，会完全显示基础材质的漫反射颜色；当颜色为白色时，会完全显示镀膜材质的漫反射颜色；也可以利用贴图通道来进行控制。

第8章

大酒店三维模型渲染

■ 本章主要讲解室内效果图制作流程中使用V- Ray进行模型渲染这一步骤。通过演示大酒店室内渲染的具体过程和技巧,读者将掌握在V- Ray中设置材质和灯光,以及调整模型的方法。

8.1 对大堂进行渲染

本节主要演示大酒店大堂在 V-Ray 中的渲染步骤和具体方法。主要思路是：先打开第 6 章输出的"大堂"文件，指定 V-Ray 渲染器，然后赋予 V-Ray 材质，再渲染图形。

8.1 对大堂进行
渲染

（光盘：动画演示\第 8 章\对大堂进行渲染.avi）

8.1.1 指定 V-Ray 渲染器

（1）启动 3ds Max 2016，选择菜单栏中的"3ds"→"文件"→"打开"命令，打开"源文件\大堂.Max"文件，视图中的场景如图 8-1 所示。

（2）为图形赋予材质。

（3）调节 V-Ray 材质，首先要将渲染器改为 V-Ray 渲染器，选择菜单栏中的"渲染"→"渲染设置"命令，或通过 F10 快捷键打开渲染面板，如图 8-2 所示。

图 8-1 打开大堂文件

图 8-2 渲染面板

（4）在渲染面板中按住鼠标向上拖动面板，展开"指定渲染器"卷展栏，如图 8-3 所示。

（5）单击"选择渲染器"按钮，弹出"选择渲染器"控制面板，在面板中指定"V-Ray Adv 3.00.07"渲染器并单击确定按钮，如图 8-4 所示。

图 8-3 "指定渲染器"卷展栏

图 8-4 "选择渲染器"控制面板

完成渲染器的选择后，将默认的渲染器面板转换成"V-Ray Adv 3.00.07"版本渲染器，如图 8-5 所示。

8.1.2　赋予 V-Ray 材质

（1）单击主工具栏中的"材质编辑器"按钮，或通过 M 快捷键打开材质编辑器面板，选择一个材质球，如图 8-6 所示。

图 8-5　渲染器面板转换成"V-Ray Adv 3.00.07"版本渲染器　　　图 8-6　材质编辑器面板

（2）这是标准的材质编辑器面板，鼠标右键单击材质球，在弹出的右键快捷菜单中将材质球定义为"6×4 示例窗"，如图 8-7 所示，按住 Shift 键拖动复制"标准"材质，这样将可以更多而且更直观地观看材质球。

单击"6×4 示例窗"后，材质球将如图 8-8 所示。

图 8-7　选择显示模式

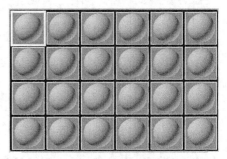

图 8-8　6×4 示例窗

（3）单击"材质编辑器"编辑面板中的"标准"按钮，弹出"材质/贴图浏览器"控制面板，展开"V-Ray"卷展栏可以看到十几种以 VR 开头的材质，如图 8-9 所示。

（4）双击其中任意材质，材质球将会从标准材质球转换成"V-Ray"材质球，其参数属性将会改变，如图 8-10 所示。

图 8-9　材质贴图浏览器

图 8-10　"V-Ray"材质球

（5）在材质样本窗口中选中一个空白材质球，单击"Standard"按钮，将其设置为 VrayMtl 材质，并将材质命名为"墙面"，具体设置如图 8-11 所示。

（6）在材质样本窗口中选中一个空白材质球，单击"Standard"按钮，将其设置为 VrayMtl 材质，并将材质命名为"地面"，漫反射贴图为"源文件\大堂\地面.Max"文件，反射贴图为"衰减"，其他设置如图 8-12 所示。选择大堂地面将材质赋予模型。

图 8-11　"墙面"材质球

图 8-12　"地面"材质球

（7）在材质样本窗口中选中一个空白材质球，单击"Standard"按钮，将其设置为 VrayMtl 材质，并将材质命名为"米黄墙面"，漫反射贴图为"源文件\大堂\米黄墙面.Max"文件，反射贴图为"衰减"，其他设置如图 8-13 所示。将材质赋予模型。

（8）在材质样本窗口中选中一个空白材质球，单击"Standard"按钮，将其设置为 VrayMtl 材质，并将材质命名为"柱底"，漫反射贴图为"源文件\大堂\大理石.Max"文件，反射贴图为"衰减"，其他设置如图 8-14 所示。将材质赋予模型。

（9）在材质样本窗口中选中一个空白材质球，单击"Standard"按钮，将其设置为 VrayMtl 材质，并将材质命名为"木"，漫反射贴图为"源文件\大堂\胡桃.Max"文件，反射贴图为"衰减"，其他设置如图 8-15 所示。将材质赋予模型。

（10）在材质样本窗口中选中一个空白材质球，单击"Standard"按钮，将其设置为 VrayMtl 材质，并将材质命名为"混油"，漫反射为白色，反射贴图为"衰减"，其他设置如图 8-16 所示。将材质赋予模型。

图 8-13 "米黄墙面"材质球

图 8-14 "柱底"材质球

（11）在材质样本窗口中选中一个空白材质球，单击"Standard"按钮，将其设置为 VrayMtl 材质，并将材质命名为"黑金砂"，漫反射贴图为"源文件\大堂\黑金砂.Max"文件，反射贴图为"衰减"，其他设置如图 8-17 所示。将材质赋予模型。

图 8-15　"木"材质球　　　　图 8-16　"混油"材质球　　　　图 8-17　"黑金砂"材质球

利用上述方法完成剩余材质的赋予。

8.1.3　V-Ray 渲染

（1）选择菜单栏中的"渲染"→"渲染设置"命令，或通过 F10 快捷键打开"渲染场景"对话框，单击"V-Ray"选项卡，如图 8-18 所示。这是 VR 的基项渲染器面板，展开"授权[无名汉化]"卷展栏，在卷展栏中显示 V-Ray 的安装路径等信息内容，此卷展栏不需要过多关注，如图 8-19 所示。

图 8-18　"渲染设置"对话框　　　　　　　图 8-19　"授权"卷展栏

（2）展开"关于 V-Ray "卷展栏，则显示 V-Ray 的版本，在这里没有其他功能，不多讲述，如图 8-20 所示。

（3）展开"帧缓冲区"卷展栏，勾选"启用内置帧缓冲区"复选框后，则会激活对场景渲染出图的一些选项，但也可以通过第一个选项卡"公用"调节，所以在这里也不需要进行太多设置，如图 8-21 所示。

（4）展开"全局开关[无名汉化]"卷展栏，勾选 "隐藏灯光""阴影"复选框，取消后系统将自动关闭场景中默认灯光的光照，只显示全局灯光调节，其他参数如图 8-22 所示。

（5）展开"图像采样器（抗锯齿）"卷展栏，在"类型"下拉列表中选择"自适应"类型，其他参数设置如图 8-23 所示。

（6）展开"环境"卷展栏，勾选"全局照明环境"选项卡前的复选框，打开全局光，在"颜色"文本框中输入数值 2.0，如图 8-24 所示。

图 8-20　显示 V-Ray 的版本

图 8-21　"帧缓冲区"卷展栏

图 8-22　"全局开关【无名汉化】"卷展栏

图 8-23　"图像采样器（抗锯齿）"卷展栏

图 8-24　"环境"卷展栏

（7）展开"颜色贴图"卷展栏，在"类型"下拉列表中选择"指数"类型，然后在"暗度倍增"和"明亮倍增"文本框中都输入数值 1.1，其他参数设置如图 8-25 所示。

（8）单击 GI 设置选项，展开其中的"全局照明[无名汉化]"卷展栏，对其进行设置，如图 8-26 所示。

图 8-25　"颜色贴图"卷展栏　　　　图 8-26　"全局照明[无名汉化]"卷展栏

（9）展开"发光图（Irradiance map）"卷展栏，在"细分（HSph，subdivs）"文本框内输入数值 30，在"插值采样（Interp，samples）"文本框内输入数值 20，并勾选"显示计算相位（Show calc phase）"和"显示直接光（Show direct light）"前的复选框，其他设置保持系统默认，如图 8-27 所示。

（10）展开"灯光缓存"卷展栏，在"细分"文本框内输入数值 500，并勾选"存储直接光"和"显示计算相位"前的复选框，其他设置保持系统默认，如图 8-28 所示。

（11）完成渲染参数设置后可以单击渲染面板上的"渲染"按钮，也可以使用 Alt + Q 组合键进行渲染，在渲染时会弹出"V-Ray 消息"信息栏，当有错误时会在此信息栏中提示，如图 8-29 所示。

另一个则是"渲染"对话框，这里显示渲染的进度，单击"取消"按钮，则可以取消对场景的渲染，如图 8-30 所示。

图 8-27 "发光图"卷展栏

图 8-28 "灯光缓存"卷展栏

图 8-29 "V-Ray 消息"信息栏

图 8-30 "渲染"对话框

通过渲染观察的主窗口可以直观地观看渲染出来的效果，如图 8-31 所示。

（12）在渲染完成后，单击"V-Ray frame buffer"对话框中的"保存图像"按钮，对场景的效果进行保存。

图 8-31 渲染效果

8.2　对标准间进行渲染

8.2　对标准间
进行渲染

　　本节主要演示宾馆标准间在 V-Ray 中的渲染步骤和具体方法。主要思路是：先打开第 6 章输出的"标准间"文件，指定 V-Ray 渲染器，然后赋予 V-Ray 材质，再渲染图形。

　　（光盘：动画演示\第 8 章\对标准间进行渲染.avi）

8.2.1　指定 V-Ray 渲染器

　　（1）启动 3ds Max 2016，选择菜单栏中的"3ds"→"文件"→"打开"命令，打开"源文件/标准间.Max"文件，如图 8-32 所示。

　　（2）利用 8.1.1 小节讲述的方法为标准间指定渲染器。

图 8-32　打开"标准间"文件

8.2.2　赋予 V-Ray 材质

　　（1）在材质样本窗口中选中一个空白材质球，单击"Standard"按钮，将其设置为 VrayMtl 材质，并将材质命名为"墙面"，漫反射贴图为"源文件\标准间\壁纸.jpg"文件，其他设置如图 8-33 所示。将材质赋予墙面。

图 8-33　"墙面"材质球

（2）在材质样本窗口中选中一个空白材质球，单击"Standard"按钮，将其设置为 VrayMtl 材质，并将材质命名为"地面"，漫反射贴图为"源文件\标准间\地砖.Max"文件，反射贴图为"衰减"，其他设置如图 8-34 所示。将材质赋予标准间地面。

（3）在材质样本窗口中选中一个空白材质球，单击"Standard"按钮，将其设置为 VrayMtl 材质，并将材质命名为"床板"，漫反射贴图为"源文件\标准\木.Max"文件，反射贴图为"衰减"，其他设置如图 8-35 所示。将材质赋予模型。

图 8-34 "地砖"材质球

图 8-35 "床板"材质球

（4）在材质样本窗口中选中一个空白材质球，单击"Standard"按钮，将其设置为 VrayMtl 材质，并将材质命名为"玻璃"，其设置如图 8-36 所示。将材质赋予窗户玻璃模型。

（5）在材质样本窗口中选中一个空白材质球，单击"Standard"按钮，将其设置为 VrayMtl 材质，并将材质命名为"金属"，其设置如图 8-37 所示。将材质赋予模型。

图 8-36 "玻璃"材质球

图 8-37 "金属"材质球

（6）在材质样本窗口中选中一个空白材质球，单击"Standard"按钮，将其设置为 VrayMtl 材质，并将材质命名为"窗帘"，漫反射贴图为"源文件\标准间\窗帘.Max"文件，将材质赋予模型。

（7）在材质样本窗口中选中一个空白材质球，单击"Standard"按钮，将其设置为 VrayMtl 材质，并将材质命名为"清油木器"，漫反射贴图为"源文件\标准间\柜子.Max"文件，反射贴图为"衰减"。将材质赋予模型。

利用上述方法完成标准间其他材质的赋予。

8.2.3　V-Ray 渲染

（1）按上述方法指定渲染器，展开"全局开关[无名汉化]"卷展栏，调节参数如图 8-38 所示。

（2）展开"图像采样器（抗锯齿）"卷展栏，在"类型"下拉列表中选择"自适应细分"类型，其他参数设置如图 8-39 所示。

图 8-38　"全局开关[无名汉化]"卷展栏

图 8-39　"图像采样器（抗锯齿）"选项卡

（3）展开"全局照明"卷展栏，其参数设置如图 8-40 所示。

（4）展开"发光图"卷展栏，其参数设置如图 8-41 所示。

图 8-40　"全局照明"卷展栏

图 8-41　"发光图"卷展栏

（5）展开"环境"卷展栏，勾选"全局照明环境"前的复选框，打开全局光，在"颜色"文本框内输入数值 2.0，如图 8-42 所示。

（6）完成渲染参数设置后可以单击渲染面板上的"渲染"按钮，也可以使用 Alt + Q 组合键进行渲染，在渲染时会弹出"V-Ray 消息"信息栏，当有错误时会在此信息栏中提示，如图 8-43 所示。

图 8-42 "环境"卷展栏

图 8-43 "V-Ray 消息"信息栏

通过渲染观察的主窗口可以观看渲染出来的效果，如图 8-44 所示。

图 8-44 渲染效果

（7）在渲染完成后，单击"V-Ray frame buffer"对话框中的"保存图像"按钮 ，对场景的效果进行保存。

8.3 对卫生间进行渲染

本节主要演示卫生间在 V-Ray 中的渲染步骤和具体方法。主要思路是：先打开第 6 章输出的"卫生间"文件，指定 V-Ray 渲染器，然后赋予 V-Ray 材质，再渲染图形。

8.3 对卫生间进行渲染

（光盘：动画演示\第 8 章\对卫生间进行渲染.avi）

8.3.1 指定 V-Ray 渲染器

（1）启动 3ds Max 2016，选择菜单栏中的"3ds"→"文件"→"打开"命令，打开"源文件/卫生间.Max"文件，视图中的场景如图 8-45 所示。

（2）利用 8.1.1 小节讲述的方法为卫生间指定渲染器。

图 8-45　打开"卫生间"文件

8.3.2　赋予 V-Ray 材质

（1）在材质样本窗口中选中一个空白材质球，单击"Standard"按钮，将其设置为 VrayMtl 材质，并将材质命名为"墙面"，漫反射贴图为"源文件\卫生间\瓷砖.Max"文件，反射贴图为"衰减"，其他设置如图 8-46 所示。将材质赋予墙面。

图 8-46　"墙面"材质球

（2）在材质样本窗口中选中一个空白材质球，单击"Standard"按钮，将其设置为 VrayMtl 材质，并将材质命名为"浴缸"，漫反射颜色为白色，反射贴图为"衰减"，其他设置如图 8-47 所示。将材质赋予模型。

（3）在材质样本窗口中选中一个空白材质球，单击"Standard"按钮，将其设置为 VrayMtl 材质，并将材质命名为"金属",其他设置如图 8-48 所示。将材质赋予模型。

图 8-47 "浴缸"材质球　　　　　　图 8-48 "金属"材质球

(4)在材质样本窗口中选中一个空白材质球,单击"Standard"按钮,将其设置为 VrayMtl 材质,并将材质命名为"地面",漫反射贴图为"源文件\卫生间\地面.Max"文件,反射贴图为"衰减",其他设置如图 8-49 所示。将材质赋予地面。

图 8-49 "地面"材质球

(5)在材质样本窗口中选中一个空白材质球,单击"Standard"按钮,将其设置为 VrayMtl 材质,并将材质命名为"大理石",漫反射贴图为"源文件\卫生间\大理石.Max"文件,反射贴图为"衰减",其他设置如图 8-50 所示。将材质赋予模型。

（6）在材质样本窗口中选中一个空白材质球，单击"Standard"按钮，将其设置为 VrayMtl 材质，并将材质命名为"木"，漫反射贴图为"源文件\卫生间\胡桃木.Max"文件，反射贴图为"衰减"，其他设置如图 8-51 所示。将材质赋予模型。

图 8-50 "大理石"材质球

图 8-51 "木"材质球

利用上述方法完成卫生间其他材质的赋予

8.3.3 V-Ray 渲染

（1）按上述操作指定 V-Ray 渲染器。

（2）展开"图像采样器（抗锯齿）"卷展栏，在"类型"下拉列表中选择自适应细分"类型，其他设置如图 8-52 所示。

图 8-52 "图像采样器（抗锯齿）"选项卡

（3）展开"环境"卷展栏，勾选"全局照明环境"前的复选框，在"颜色"文本框内输入数值 2.5，如图 8-53 所示。

（4）展开"发光图"卷展栏，在"当前预设"下拉菜单中选择"自定义"，在"最大速率"和"最小速率"文本框中输入数值 -1 和 -2，如图 8-54 所示。

图 8-54 "发光图"卷展栏

图 8-53 "环境"卷展栏

（5）展开"颜色贴图"卷展栏，在"类型"下拉列表中选择"指数"类型，在"暗度倍增"文本框内输入数值 1.0，如图 8-55 所示。

（6）单击"GI"选项卡，展开其中的"全局照明"卷展栏，按图 8-56 所示进行设置。

图 8-55 "颜色贴图"卷展栏

图 8-56 "全局照明"卷展栏

（7）完成渲染参数设置后可以单击渲染面板上的"渲染"按钮，也可以使用 Alt + Q 组合键进行渲染，在渲染时会弹出"V-Ray 消息"信息栏，当有错误时会在此信息栏中提示，如图 8-57 所示。

（8）另一个则是"渲染"对话框，这里显示渲染的进度，单击"取消"按钮，则可以取消对场景的渲染，如图 8-58 所示。

图 8-57 "V-Ray 消息"信息栏

图 8-58 "渲染"信息栏

通过渲染观察的主窗口可以观看渲染出来的效果，如图 8-59 所示。

（9）在渲染完成后，单击"V-Ray frame buffer"对话框中的"保存图像"按钮 🖫，对场景的效果进行保存。

图 8-59　渲染效果

8.4　对会议室进行渲染

8.4　对会议室
进行渲染

本节主要演示宾馆会议室在 V-Ray 中的渲染步骤和具体方法。主要思路是：先打开第 6 章输出的"会议室"文件，指定 V-Ray 渲染器，然后赋予 V-Ray 材质，再渲染图形。

（光盘：动画演示\第 8 章\对会议室进行渲染.avi）

8.4.1　指定 V-Ray 渲染器

（1）启动 3ds Max 2016，选择菜单栏中的"3ds"→"文件"→"打开"命令，打开"源文件\会议室.Max"文件，如图 8-60 所示。

（2）利用 8.1.1 小节讲述的方法将渲染器指定为 V-Ray 渲染器。

图 8-60　打开"会议室"文件

8.4.2　赋予 V-Ray 材质

（1）在材质样本窗口中选中一个空白材质球，单击"Standard"按钮，将其设置为 VrayMtl 材质，并将材质命名为"墙面"，漫反射贴图为"源文件\会议室\墙纸.Max"文件，其他设置如图 8-61 所示。将材质赋予墙面。

图 8-61 "墙面"材质球

（2）在材质样本窗口中选中一个空白材质球，单击"Standard"按钮，将其设置为 VrayMtl 材质，并将材质命名为"石膏吊顶"，贴图设置如图 8-62 所示。将材质赋予模型。

图 8-62 "石膏吊顶"材质球　　　　　图 8-63 "地毯"材质球

（3）在材质样本窗口中选中一个空白材质球，单击"Standard"按钮，将其设置为 VrayMtl 材质，并将材质命名为"地毯"，漫反射贴图为"源文件\会议室\地毯.Max"文件，反射贴图为"衰减"。返回 V-Ray 材质，展开"贴图"卷展栏，将"漫反射"贴图拖曳复制到"凹凸"贴图通道上，如图 8-63 所示。将材质赋予模型。

（4）在材质样本窗口中选中一个空白材质球，单击"Standard"按钮，将其设置为 VrayMtl 材质，并将材质命名为"沙发"，漫反射贴图为"源文件\会议室\沙发.Max"文件，返回"标准"材质层级，单击自发光"颜色"右侧的贴图通道为其添加"遮罩"贴图，进入"遮罩"贴图层级为其添加一个"衰减"贴图，如图 8-64 所示。

（5）在材质样本窗口中选中一个空白材质球，单击"Standard"按钮，将其设置为 VrayMtl 材质，并将材质命名为"榉木"，漫反射贴图为"源文件\会议室\榉木.Max"文件，反射贴图为"衰减"，其他设置如图 8-65 所示。将材质赋予模型。

（6）在材质样本窗口中选中一个空白材质球，单击"Standard"按钮，将其设置为 VrayMtl 材质，并将材质命名为"玻璃"，如图 8-66 所示。将材质赋予模型。

（7）利用上述方法完成会议室剩余模型材质的赋予。

图 8-64 "沙发"材质球

图 8-65 "榉木"材质球

图 8-66 "玻璃"材质球

8.4.3 V-Ray 渲染

（1）指定渲染器后，展开"帧缓冲区"卷展栏，勾选"启用内置帧缓冲区"复选框后，则会激活对场景渲染出图的一些选项，但也可以通过第一个选项卡"公用"进行调节，所以在这里也不需要进行太多的设置，如图 8-67 所示。

图 8-67 "帧缓冲区"卷展栏

（2）展开"全局开关[无名汉化]"卷展栏，勾选"灯光""隐藏灯光""仅显示全局照明"前的复选框，调节参数如图 8-68 所示。

（3）展开"图像采样器（抗锯齿）"卷展栏，在"类型"下拉列表中选择"固定"类型，其他参数设置如图 8-69 所示。

图 8-68 "全局开关[无名汉化]"卷展栏

图 8-69 "图像采样器（抗锯齿）"卷展栏

（4）展开"颜色贴图"卷展栏，在"类型"下拉列表中选择"指数"类型，然后在"暗度倍增"文本框中输入数值 0.8，其他设置保持系统默认，如图 8-70 所示。

图 8-70 "颜色贴图"卷展栏

（5）展开"环境"卷展栏，勾选"全局照明环境"前的复选框，打开全局光，在"颜色"文本框内输入数值 2.0，如图 8-71 所示。

（6）单击"GI"选项卡，展开其中的"全局照明"卷展栏，对其进行设置，如图 8-72 所示。

图 8-71 "环境"卷展栏

图 8-72 "全局照明"卷展栏

（7）展开"发光图"卷展栏，在"细分"文本框内输入数值 30，在"插值采样"文本框内输入数值 20，并勾选"显示计算相位"和"显示直接光"前的复选框，其他设置保持系统默认，如图 8-73 所示。

（8）展开"灯光缓存"卷展栏，在"细分"文本框内输入数值 500，并对其他选项进行设置，如图 8-74 所示。

图 8-73 "发光图" 卷展栏

图 8-74 "灯光缓存" 卷展栏

（9）完成渲染参数设置后可以单击渲染面板上的"渲染"按钮，也可以使用 Alt + Q 组合键进行渲染，在渲染时会弹出"V-Ray 消息"信息栏，当有错误时会在此信息栏中提示，如图 8-75 所示。

图 8-75 "V-Ray 消息" 信息栏

（10）另一个则是"渲染"对话框，这里显示渲染的进度，单击"取消"按钮，则可以取消对场景的渲染，如图 8-76 所示。

通过渲染观察的主窗口可以观看渲染出来的效果，如图 8-77 所示。

图 8-76 "渲染" 对话框

图 8-77 渲染效果

（11）在渲染完成后，单击"V-Ray frame buffer"对话框中的"保存图像"按钮，对场景的效果进行保存。

8.5　对公共走道进行渲染

本节主要演示宾馆公共走道在 V-Ray 中的渲染步骤和具体方法。主要思路是：先打开第 6 章输出的"公共走道"文件，指定 V-Ray 渲染器，然后赋予 V-Ray 材质，再渲染图形。

8.5　对公共走道
进行渲染

（光盘：动画演示\第 8 章\对公共走道进行渲染.avi）

8.5.1　指定 V-Ray 渲染器

（1）启动 3ds Max 2016，选择菜单栏中的"3ds"→"文件"→"打开"命令，打开"源文件/公共走道.Max"文件，如图 8-78 所示。

（2）利用 8.1.1 小节讲述的方法将渲染器指定为 V-Ray 渲染器。

图 8-78　打开"公共走道"文件

8.5.2　赋予 V-Ray 材质

（1）在材质样本窗口中选中一个空白材质球，单击"Standard"按钮，将其设置为 VrayMtl 材质，并将材质命名为"壁纸"，其他设置如图 8-79 所示。将材质赋予公共走道墙面。

（2）在材质样本窗口中选中一个空白材质球，单击"Standard"按钮，将其设置为 VrayMtl 材质，并将材质命名为"木"，漫反射贴图为"源文件\标准\榉木.Max"文件，反射贴图为"衰减"，其他设置如图 8-80 所示。将材质赋予墙围模型。

（3）在材质样本窗口中选中一个空白材质球，单击"Standard"按钮，将其设置为 VrayMtl 材质，并将材质命名为"标志"，漫反射贴图为"源文件\标准\标志.Max"文件，其他设置如图 8-81 所示。将材质赋予模型。

利用上述方法完成公共走道剩余模型的赋予。

图 8-79 "壁纸"材质球　　　　图 8-80 "木"材质球　　　　图 8-81 "标志"材质球

8.5.3　V-Ray 渲染

（1）指定渲染器，展开"帧缓冲区"卷展栏，勾选"启用内置帧缓冲区"前的复选框，则会激活对场景渲染出图的一些选项，但也可以通过第一个选项卡"公用"进行调节，所以在这里也不需要进行太多的设置，如图 8-82 所示。

（2）展开"全局开关[无名汉化]"卷展栏，取消"仅显示全局照明"前的复选框勾选，调节参数如图 8-83 所示。

图 8-82 "帧缓冲区"卷展栏　　　　　图 8-83 "全局开关[无名汉化]"卷展栏

（3）展开"图像采样器（抗锯齿）"卷展栏，在"类型"下拉列表中选择"自适应细分"类型，其他参数设置如图 8-84 所示。

（4）展开"颜色贴图"卷展栏，在"类型"下拉列表中选择"指数"类型，然后在"明亮倍增"文本框中输入数值 1.1，其他参数设置如图 8-85 所示。

图 8-84 "图像采样器（抗锯齿）"卷展栏

（5）完成渲染参数设置后可以单击渲染面板上的"渲染"按钮，也可以使用 Alt + Q 组合键进行渲染，在渲染时会弹出"V－Ray 消息"信息栏，当有错误时会在此信息栏中提示，如图 8-86 所示。

图 8-85 "颜色贴图"卷展栏

图 8-86 "V－Ray 消息"信息栏

（6）另一个则是"渲染"对话框，这里显示渲染的进度，单击"取消"按钮，则可以取消对场景的渲染，如图 8-87 所示。

通过渲染观察的主窗口可以观看渲染出来的效果，如图 8-88 所示。

图 8-87 "渲染"对话框

图 8-88 渲染效果

（7）在渲染完成后，单击"V-Ray frame buffer"对话框中的"保存图像"按钮 ，对场景的效果进行保存。

第9章

Photoshop CC 基础

■ Photoshop是Adobe公司于1990年推出的图像处理软件，它具有强大的功能，灵活的操作，是广大设计者的首选软件工具。具体来说，Photoshop是一个集图像制作、处理、合成等为一体的图像创作软件。它在商业广告、印刷行业等领域得到了广泛的应用，尤其是随着版本的不断升级，其功能更加齐全和完善，为图像设计创作人员提供了更广阔的空间。本书将以Photoshop CC版本为例进行讲解。

■ 在室内外效果图的设计制作中，将Photoshop和三维软件结合在一起，使图像效果得到进一步的完善和提高。

9.1 Photoshop CC 简介

9.1.1 Photoshop CC 主要界面介绍

1. Photoshop CC 的工作界面简介

- 菜单栏：显示 Photoshop CC 菜单命令。包括"文件"、"编辑"、"图像"、"图层"、"文字"、"选择"、"滤镜"、"3D"、"视图"、"窗口"和"帮助"11 个菜单。

- 选项栏：是一个关联调板，它提供对应的工具或命令的各种选项。

- 工具箱：这里显示了 Photoshop CC 中的常用工具。用鼠标单击每个工具的图标即可使用该工具，用鼠标右击每个工具的图标或按住图标不动，稍后可显示该系列的工具。

- 图像窗口：用来显示图像。窗口上方显示图像的名称、大小比例和色彩模式，右上角显示"最小化"、"最大化"和"关闭"3 个按钮。

- 状态栏：显示当前打开图像的信息和当前操作的提示信息。

- 控制面板：列出 Photoshop CC 操作的功能设置和参数设置。

选择菜单栏中的"文件"→"打开"命令，打开一幅图像，出现一个图像窗口，Photoshop CC 的工作界面如图 9-1 所示。

2. 主菜单栏的组成及使用

Photoshop CC 菜单栏一共包括 11 个主菜单，选择相应的菜单即可弹出菜单命令，这时就可以选取要使用的命令了，如图 9-2 所示。

① 在弹出的菜单中有呈灰色的选项，说明这些选项在当前状态下不能使用。

② 子菜单后跟"…"符号，表示选择该菜单将出现一个对话框。

③ 子菜单后跟一个黑三角符号，说明这个菜单下还有子菜单。

④ 子菜单后跟的组合键是打开该菜单的快捷键，直接按下快捷键即可执行命令。

图 9-1　Photoshop CC 的工作界面

3. 工具箱构造

Photoshop CC 的所有图像编辑工具都存放在工具箱中，具体如图 9-3 所示。

图 9-2　Photoshop CC 菜单　　　　　　　　　　图 9-3　工具箱中的工具

在 Photoshop CC 的工具箱中，有些工具图标右下角有一个黑三角，表示此工具下还有一些隐藏工具。当用鼠标单击并保持不动或者右击这些工具图标时，在这个工具图标旁会弹出它的隐藏工具，然后把鼠标指针移到工具上放开鼠标即可选取隐藏工具，如图 9-4 所示。同时在选定某个工具后，在工具箱上方的选项栏中将显示该工具对应的属性设置，如图 9-5 所示。

图 9-4　选择隐藏工具　　　　　　　　　　　　图 9-5　选项栏

4. 控制面板

位于 Photoshop CC 屏幕右边的 5 个浮动面板是控制面板，它们的作用是显示当前的一些图像信息并控制当前的操作方式，控制面板如图 9-6 所示。

各控制面板在操作过程中各有所用。例如，在"图层"面板中单独选择所需要的图层进行编辑，而不会影响到其他图层。

图 9-6　控制面板

5．状态栏

Photoshop CC 操作窗口的最底部是状态栏，状态栏的作用是显示当前打开图像的信息和当前操作的提示信息。用鼠标单击状态栏中的三角形图标，这时会弹出一个子菜单，选择菜单上的选项，在状态栏上会出现相应的信息，如图 9-7 所示。

图 9-7　状态栏信息显示

图 9-7 中左下角显示的数字 33.33%是指 Photoshop CC 中屏幕视图的大小，改变它的数值能改变屏幕视图的大小，但不能改变图像文件的像素大小。例如，当以100%的比例值来查看图像时，并不意味着所看到的视图中的图像为打印尺寸大小，它只是表示图像文件中的每个像素都在屏幕中以 1 像素出现。

6．帮助菜单

Photoshop CC 中的"帮助"菜单有查询及索引功能，它可以有效地帮助用户掌握 Photoshop CC 的基本使用方法。通过"帮助"下拉菜单可以进入 Photoshop CC 的帮助主题、技术支持等。在操作 Photoshop CC 时系统还提供了 Internet "在线帮助"。当按下 F1 键时，窗口中会弹出 Photoshop CC "在线帮助"对话框，通过它可以获得丰富的帮助信息。

9.1.2　Photoshop CC 的优化和重要组合键

为了加快在 Photoshop CC 中图像处理的速度和效率，需要优化 Photoshop CC 的性能和使用一些常用的键盘组合键。

1．优化 Photoshop CC 性能的方法

（1）清理剪贴板和其他缓存数据。在图像处理过程中，完成复制粘贴的操作后，复制的图像仍然会保留在剪贴板上，占用一定的内存。同时，在"历史记录"面板中也会保留大量的数据，以方便用户使用"撤销"命令。所以，清理不需要使用的剪贴板内容和历史记录来释放内存是很好的方法。

选择"编辑"→"清理"命令，即可清除剪贴板或历史记录的数据。

（2）不使用剪贴板进行文件复制。复制和粘贴命令如果使用较多会使剪贴板占用内存而降低 Photoshop CC 的运行速度。对此，可以采取一些不使用剪贴板而直接进行复制的方法。

- 在同一个图像文件中复制选区，按 Ctrl+J 组合键，复制的图像就不会保留在剪贴板上。
- 复制一个图层的内容时，可以单击"图层"面板上的"创建新图层"按钮 🔲，这样就在图层面板上自动生成一个复制图层。
- 从一个图像文件中复制选区到另一个图像文件时，可以单击工具栏中的"移动工具"按钮 ▶⊕，把选区拖到另一个图像文件中。如果要把复制的选区置于要粘贴的图像的中心位置，则在停止拖动前按住 Shift 键。

（3）在低分辨率下进行草稿图的处理。如果在进行较复杂的图像处理时，可以在降低图像文件分辨率的状态下进行草图的处理，这样能减少用于生成操作和比较操作的处理时间。在进行正稿的图像处理时，再进入高分辨率状态进行图像处理，并且在低分辨率下制作的矢量图形和图层样式可以直接拖放到高分辨率图像中继续使用。

选择"编辑"→"图像大小"命令，则会弹出"图像大小"对话框，在"分辨率"文本框中输入需要的分辨率大小值。更改分辨率后，图像文件的尺寸不会改变，但文件的大小会随着分辨率值的大小改变而改变。

2．在 Photoshop CC 中较常用的快捷键

（1）隐藏/显示调板：为了避免 Photoshop CC 的视图和控制面板凌乱拥挤，影响观察图像效果，可以按 Tab 键隐藏所有调板，如果再次按下则会重新显示。如果按 Shift+Tab 组合键则打开或关闭除了工具箱以外的所有调板。

（2）基本工具：在工具箱的作图工具中最频繁使用到的是"移动工具" ▶⊕ 和"选框工具" ⬚，它们的组合键分别为 Ctrl+V 和 Ctrl+M。

（3）变形工具：按 Ctrl+T 组合键相当于选择"编辑"→"自由变换"命令。如果需要进一步的局部变形，在保持自由变形工具编辑状态下再次按 Ctrl+T 组合键。按 Shift+Ctrl+T 组合键则是再次自动变形。

（4）多次使用滤镜：使用了一次滤镜后，如果觉得没有获得预期的效果，可以按 Ctrl+F 组合键再次使用和上一次同样设置的滤镜。如果想再次使用同样的滤镜，但需要修改这个滤镜相应的设置，这时可以按 Ctrl+Alt+F 组合键。

（5）复制粘贴：按 Ctrl+C 组合键相当于选择"编辑"→"复制"命令，按 Ctrl+V 组合键则是对复制的图像进行粘贴。需要注意的是，Ctrl+C 组合键复制的是选区内当前所激活图层的图像，如果希望复制选区内所有图层的合并图像，则需要按 Shift+Ctrl+C 组合键。

（6）撤销操作：对当前的操作效果不满意时，按 Ctrl+Z 组合键即可撤销操作，再次按下则会重做。如果需要逐步撤销多步操作，而不是仅撤销一步时，则按 Ctrl+Alt+Z 组合键。

（7）存储文件：按 Ctrl+S 组合键存储文件，按 Shift+Ctrl+S 组合键打开"存储为"对话框，将当前文件保存为另一个格式或名称。

（8）颜色填充：给一个选区或图层填充前景色，按 Alt+Delete 组合键；填充背景色，则按 Ctrl+Delete 组合键。如果编辑的图像为透明背景，只填充图像中的不透明像素，使透明的背景保持不变，可以在组合键中添加 Shift 键。这样，透明背景仍然保持不变，但图像中的颜色则会被前景色或背景色所取代。

（9）画笔尺寸：使用工具箱中的"画笔工具" ✐ 和"铅笔工具" ✐ 时，括号键"["和"]"分别用来减小和增大绘图时所用到的画笔尺寸大小。

（10）选取：使用工具箱中的"快速选择工具" ✐、"套索工具" ◯ 或"选框工具" ⬚ 时，在选取的同时按 Shift 键，能继续添加选取对象。反之，要减去当前选取的一些选区时，则在选取的同时按 Alt

键。如果要选择当前选区和新添加选区的相交区域，选取的同时按 Alt 键和 Shift 键。

（11）前景色和背景色：如果要使前景色和背景色变为默认的黑色和白色，按 D 键。如果按下 X 键，则能使前景色和背景色的颜色进行交换。

9.2　Photoshop CC 的基本操作

9.2.1　图像文件的管理

1．图像文件的新建和保存

Photoshop CC 文件的新建与保存命令全都在"文件"菜单中，选择"文件"→"新建"命令，弹出"新建"对话框，如图 9-8 所示。在该对话框中可以自由设定图像文件的大小、分辨率和背景信息。单击"确定"按钮后，即可获得一个新设置的图像文件。

图 9-8　"新建"对话框

"新建"对话框中的主要选项如下。

- 名称：在该文本框中输入的文字为图像文件保存的文件名称。
- 预设：在其下拉列表框中可以选择系统设置好的图像大小尺寸。
- 宽度/高度：如果不想使用系统预设的图像尺寸，可以在文本框中输入图像文件需要的高和宽的尺寸。在第 2 个下拉列表框中的是图像尺寸的度量单位。
- 分辨率：分辨率是和图像相关的一个重要概念，多用于表现图像的清晰度。分辨率越高表示图像品质越好，越能表现出更多的细节，文件也越大。
- 颜色模式：在"颜色模式"的下拉菜单中提供了 5 种色彩模式和相应的色彩通道数值。色彩通道数值越大，图像色彩越丰富，图像文件也会相应变大。
- 背景内容：在"背景内容"选项的下拉菜单中提供了 3 种背景色，分别为白色、透明色和背景色。

在系统默认的情况下创建的图像文件为白色背景。如果选择透明色，则创建的是一张没有颜色的图像。选择背景色则会创建一个以 Photoshop CC 工具箱中所设置的背景色为背景的图像文件。

2．色彩模式的选择

色彩模式是 Photoshop CC 中以颜色为基础，用于打印和显示图像文件的方法。在创建图像文件时提供了 5 种色彩模式，选择不同的模式会生成不同的色域，它们之间的区别如下。

- RGB 颜色：RGB 表示的颜色为红、绿、蓝 3 原色，每种颜色在 RGB 色彩模式中都有 256 种阶调值。在所有的色彩模式中，RGB 色彩模式有最多的功能和较好的灵活性，是应用最广泛的色彩模式。因为除了 RGB 色彩模式拥有较宽的色域外，Photoshop CC 所有的工具和命令都能在这个模式下工作，而其他模式则受到了不同的限制。

- CMYK 颜色：当处理完 Photoshop CC 中的图像需要打印时，CMYK 颜色则是最常用的打印模式。CMYK 颜色主要是指青色、洋红、黑色和黄色。当需要转换到 CMYK 色彩模式进行打印时，可以选择"编辑/颜色设置"命令进行编辑或者直接选择"图像/模式/CMYK 颜色"命令。

- 位图：位图模式只有黑色、白色两种颜色命令。

- 灰度：灰度模式下只有亮度值，没有色相和饱和度数据，它生成的图像和黑白照片一样。该模式经常用于表现质感或是复古风格的图像上。

- Lab 颜色：Lab 模式是 Photoshop CC 所提供的模式中色域范围最大、可显示色彩变化最多的模式，也最接近人类眼睛所能感知的色彩表现范围。

3．图像文件的保存

Photoshop CC 有 3 种保存模式：存储、存储为、存储为 Web 所用格式。当执行"存储"命令后，在弹出的"存储"对话框中可以设定文件的类型、名称和存储路径等内容。

- 选择"文件"→"存储"命令，即可直接完成对文件的保存。如果文件没有进行过保存操作，执行此命令时会弹出"存储为"对话框；如果文件进行过保存操作，执行存储命令时，系统会自动以原名称、原路径对原文件进行覆盖保存。

- 选择"文件"→"存储为"命令，弹出"存储为"对话框。在该对话框中可以编辑图像的存储名称和选择图像的存储格式。

- 选择"文件"→"存储为 Web 所用格式"命令，弹出"存储为 Web 所用格式"对话框。在该对话框中可以编辑存储的 Web 格式和颜色等，还能预览存储的 Web 格式效果。

9.2.2 图像文件的视图控制

Photoshop CC 中有许多关于视图控制的命令，它们在图像处理的过程中会经常使用，给图像编辑带来了极大的方便并提高了图像运作效率。

1．图像的放大和缩小

Photoshop CC 有 4 种视图缩放的操作方法，分别是使用"视图"菜单命令、使用"缩放工具" 🔍、使用控制面板中的滚动条和使用"抓手工具" ✋。

（1）使用"视图"菜单命令编辑图像的操作方法如下。

- 选择菜单栏中的"视图"→"放大/缩小"命令，图像就会自动放大或缩小一倍。

- 选择菜单栏中的"视图"→"按屏幕大小缩放"命令，可使图像在 Photoshop CC 界面中以最合适的比例显示。

- 选择菜单栏中的"视图"→"实际像素"命令，可使图像以 100%像素的比例显示。

- 选择菜单栏中的"视图"→"打印尺寸"命令，可使图像以实际打印的尺寸显示。

（2）使用"缩放工具" 🔍编辑图像的操作方法如下。

- 单击工具箱中的"缩放工具"按钮 🔍，在 Photoshop CC 的选项栏中会出现相应的选项，单击选项栏中的"放大"按钮 🔍或"缩小"按钮 🔍，在图像上单击，可使图像放大一倍或缩小一倍。选项栏中还有"实际像素"、"适合屏幕"、"填充屏幕"和"打印尺寸"等按钮，直接单击需要的按钮，即可实现对视图所需的大小控制。

- 单击工具箱中的"缩放工具"按钮 🔍，直接在图像上单击，即可使图像放大一倍。如果需要缩小图像，可以配合 Alt 键，在图像中单击，即可使图像缩小一倍。

（3）使用控制面板中的滚动条编辑图像大小的操作方法是：选择在控制面板中的滚动条，当左右拖动滚动条中的横向滑块时，图像会随着滑块的左右移动而进行相应的缩放，如图 9-9 所示。

图 9-9　拖动滚动条改变图像大小

（4）使用"抓手工具" ![手] 编辑图像的操作方法如下。

● 单击工具箱中的"抓手工具"按钮![手]，这时选项栏上会出现"实际像素"、"适合屏幕"、"填充屏幕"和"打印尺寸"按钮，直接单击需要的按钮，即可实现对视图所需的大小控制。

● 单击工具箱中的"抓手工具"按钮![手]，在图像上右击，在弹出的快捷菜单中选择所需要的视图显示命令。

● 当视图大小超出满画布显示的尺寸时，可以使用"抓手工具" ![手] 上下、左右拖动图像来观察图像局部效果。

2．图像定位

在图像编辑中，经常要确定图像的位置，只利用眼睛来衡量图像位置的准确与否是很困难的。为此，Photoshop CC 专门提供了"标尺"、"参考线"和"网格"3 个功能，给图像的定位带来了极大的方便。

（1）显示标尺：选择菜单栏中的"视图"→"标尺"命令，或按 Ctrl+R 组合键，就会在图像窗口的上边和左边显示标尺，如图 9-10 和图 9-11 所示为显示了标尺的图像。

图 9-10　设置标尺　　　　　　　　图 9-11　在图像上显示网格

（2）显示参考线：显示了标尺后，用鼠标向图像中心拖动标尺，就能出现相应的参考线。如果需要精确地定位标尺的位置，选择菜单栏中的"视图"→"新建参考线"命令，在弹出的"新建参考线"对话框中选择需要的参考线取向和输入参考线离光标的距离位置，就会在图像上出现相应的参考线。将鼠标放在参考线上，还能左右或上下移动参考线。

如果想固定参考线，选择菜单栏中的"视图"→"锁定参考线"命令；如果想删除参考线，则选择菜单栏中的"视图"→"清除参考线"命令。

（3）显示网格：定位图像最精确的方法是"网格"。选择菜单栏中的"视图"→"显示"→"网格"命令，就能在图像上显示网格。如果需要清除网格，取消菜单栏中的"视图"→"显示"→"网格"命令前面的选中状态即可。

3．图像的变形

图像变形在处理图像时会经常用到。图像变形包括图像的缩放、旋转、斜切、扭曲和透视，这些变形命令可应用到每个选区、图层中。

"缩放"命令可将图像选区部分的大小改变；"旋转"命令可将图像向各个角度旋转，改变图像的方向；"斜切"命令可将图像倾斜；"扭曲"命令可将图像沿不同的方向拉伸，使图像扭曲变形；"透视"命令可以使图像产生透视的效果。

这些命令都在菜单栏中的"编辑/变换"子选项中。使用工具箱中的选取工具（包括"快速选择工具" 、"套索工具" 或"框选工具" ），在图像上选定需要变形的区域后，选择菜单栏中的"编辑"→"变换"命令，在弹出的子菜单中选择所需要的变形命令，在图像上的所选区域就会出现一个变形编辑边框。用鼠标单击并拖动边框上的图柄能预览变形效果，如图9-12所示。然后，按 Enter 键就能完成变形效果的应用，在按 Enter 键之前如果按下 Esc 键就能将变形命令取消。

另外，这些命令只能应用于图层中不透明的图像选区、路径和"快速蒙版"模式中的蒙版。

4．图像的排列和查看

当在 Photoshop CC 中打开多个图像窗口时，可以使用"窗口"菜单中的命令来按需要排列图像窗口。选择菜单栏中的"窗口"→"排列"→"层叠"命令，可将图像窗口堆叠显示，如图9-13所示。

图 9-12　在图像上使用变形命令

图 9-13　图像窗口层叠显示

选择菜单栏中的"窗口"→"排列"→"平铺"命令，可将图像以并列的形式显示，如图9-14所示。

① 要取消选取工具选择的图像变形选区时，按 Ctrl + D 组合键。
② 要按比例缩放对象时，可在使用缩放命令的同时按住 Shift 键。
③ 如果要一次应用几种效果时，在图像选区内右击即可弹出变换菜单。

如果想关闭所有图像窗口，选择菜单栏中的"窗口"→"排列"→"关闭所有窗口"命令即可。

图 9-14　图像窗口平铺显示

9.3　Photoshop CC 的颜色运用

Photoshop CC 有着强大的选择、混合、应用和调整色彩的功能。本节将详细讲解色彩选择工具的使用以及色彩的调整，并用简单实例巩固对色彩操作的应用。

9.3.1　选择颜色

在使用 Photoshop CC 处理数码图像文件时，掌握选择颜色的方法是非常重要的，它决定着图像处理质量的好坏。Photoshop CC 为用户选择色彩提供了很多方法，包括使用拾色器、色板、颜色调板、吸管工具等，用户可根据自己的需要进行选择应用。

1. 使用拾色器

单击工具箱中或控制面板中色板的"前景色/背景色"按钮■，弹出"拾色器（前景色）"对话框，用户可以在该对话框中进行颜色的选择，如图 9-15 所示。拾色器是 Photoshop CC 中最常用的标准选色环境，在 HSB、RGB、CMYK、LAB 等色彩模式下都可以用它来进行颜色选择。

图 9-15　拾色器

（1）使用拾色器选择颜色的方法如下。

- 使用色域：在拾色器左方大片的颜色区域叫作色域，将鼠标移到色域内时，鼠标会变成圆形的图标。通过拖动这个颜色图标在色域内选择所需要的颜色。

- 使用色杆：在拾色器中色域的右方有一条长方形的色彩区域，叫作色杆。拖动色杆两边的滑块能选择颜色区域。当色杆的颜色发生变化时，色域中的颜色也会相应发生变化，形成以在色杆中选取的颜色为中心的一个色彩范围，从而能在色域中进一步更准确地选取颜色。

- 色杆右上方的矩形区域显示了两个色彩，上方的色彩表示在色域中选取的当前色彩；下方的色彩表示在色域中上一次所选择的色彩。

- 使用数值文本框：拾色器提供了 4 种色彩模式来选择颜色，分别是 HSB、RGB、CMYK 和 Lab 模式，可以根据需要进行选择。在相应的文本框中输入色彩数值，能得到精确的颜色。

（2）使用"颜色库"对话框选择颜色的方法如下。

- 激活自定颜色：在"拾色器（前景色）"对话框中单击"颜色库"按钮，会弹出"颜色库"对话框，如图 9-16 所示。"颜色库"对话框中显示的颜色是 Photoshop CC 系统预先定义的颜色。对话框右方的数据表示的是颜色的信息。

图 9-16 "颜色库"对话框

- 选择颜色："颜色库"对话框中的"色库"下拉列表中有多种预设的颜色库。选择需要的色库后，色杆和色域上将会出现色库相应的颜色，这时可以滑动色杆上的滑块和单击色域中的颜色块来选择颜色。

2. 使用色板

选择菜单栏中的"窗口"→"色板"命令，即可显示色板，如图 9-17 所示。在色板中可以任意选择由 Photoshop CC 所设定的色块，将之设定为前景色或背景色。使用色板选择颜色的方法如下。

- 挑选颜色：将鼠标移到所需要的色彩方格范围内单击选择颜色。

- 加入新颜色：将鼠标放到色板中尚未存储色彩的方格内，鼠标将变成"油漆桶"图标。然后用鼠标单击这个方格，会弹出"色板名称"对话框。在对话框的文本框中输入新颜色的名称，单击"确定"按钮，当前设定的前景色就会被存放到色板的新方格内，以便随时调用。

- 删除色板中的颜色：选择色板中需要删除的色彩方格，拖放到色板右下角的"垃圾桶"按钮上即可。

- 使用色板菜单：单击色板右上角的三角形按钮，将会弹出色板菜单，如图 9-17 所示，选择需要的选项即可。

3. 使用颜色调板

颜色调板的功能类似于绘画时使用的调色板。选择菜单栏中的"窗口"→"颜色"命令或按 F6 键，即可显示颜色调板。

使用颜色调板选择颜色的方法如下。

- 设定前景色/背景色：在颜色调板的左上角显示了前景色/背景色的按钮，用鼠标单击前景色或背景色按钮，使之激活成为选择颜色的对象。

- 使用调色滑杆：颜色调板上的颜色和所属的色彩模式有关，可以通过移动滑块来选择滑杆上的颜色。图 9-18 所示的调板上的颜色属于 RGB 滑块，如果想选择其他色彩模式的色彩滑块，单击调板右上角的三角形图标，在颜色调板菜单中选择其他的色彩滑块。

图 9-17　色板和色板菜单

图 9-18　颜色调板和颜色菜单

- 设置数值文本框：可以在滑块后面的文本框中输入色彩参数值，从而获得精确的颜色。
- 颜色横条：在颜色调板下方有一色彩横条，其中显示了图像所使用色彩模式下的所有颜色，可以直接从中点取所需颜色使用。

4．使用吸管工具

除了使用拾色器、色板和颜色调板选择颜色外，吸管工具也经常使用，它主要是用于选取现有颜色。使用吸管工具选择颜色的方法如下。

- 选择采样单位：单击工具箱中的"吸管工具"按钮 ，Photoshop CC 的选项栏上会出现吸管工具编辑栏，其中有一个"取样大小"列表框，如图 9-19 所示。其中，"取样点"表示以一个像素点作为采样单位；"3×3 平均"表示以 3×3 的像素区域作为采样单位；"5×5 平均"表示以 5×5 的像素区域作为采样单位。
- 使用"信息"调板：按 F8 键，会显示控制面板中的"信息"调板。选中"吸管工具"后，鼠标在图像文件上会变成吸管图标。鼠标在图像上移动的同时，"信息"调板上的数据也会随着鼠标的移动而变化，用于显示鼠标所在点的颜色和位置信息，以便准确地选择颜色，如图 9-20 所示。

图 9-19　"取样大小"列表框　　　　　　　图 9-20　"信息"调板

- 选择颜色：用"吸管工具"单击图像上的任意一点颜色，即可选择该点的颜色作为前景色，工具箱中的前景色图标的颜色就会随之改变。同时，"信息"调板上也会显示这个颜色的 RGB 参数值和 CMYK 参数值。如果要选择颜色作为背景色，用"吸管工具"单击图像选择颜色的同时，按住 Alt 键。

9.3.2　使用填充工具

Photoshop CC 的填充工具主要包括"油漆桶工具" 和"渐变工具" 。这两种工具能对图像文件的选区填入选定颜色、添加渐变效果和花纹图案等，被广泛地应用于绘制图像背景、填充选区和制作文字效果上，是图像处理的有力工具。

1．使用"油漆桶工具" 填充颜色

"油漆桶工具" 是将图像或图像的选区填充以前景色或图案的填充工具。选择"油漆桶工具"后，只要在图像或图像的选区上单击，Photoshop CC 就能根据设定好的颜色、容差值和模式进行填充。

"油漆桶工具" 的具体使用方法如下。

（1）在工具箱中选择"油漆桶工具"后，Photoshop CC 的选项栏上会出现"油漆桶工具"的参数选项，如图 9-21 所示。

图 9-21　"油漆桶工具"的选项栏

（2）在选项栏上的第一项为填充方式的选项，可以在下拉列表中选择填充是"前景色"还是"图案"。填充前景色是指使用设定的当前前景色来对所选择的图像区域进行填充；填充图案是指使用 Photoshop CC 系统内设置的图案对所选择的图像区域进行填充。选择"图案"选项后，"图案"选项将被激活，可

在"图案"下拉列表中选择需要的图案。

（3）除了使用 Photoshop CC 系统预置的图案进行填充外，还可以选择菜单栏中的"编辑"→"定义图案"命令自己定义使用的图案。

（4）选项栏上的第 3 项为填充模式，在其下拉列表中选择 Photoshop CC 提供的模式，给图像填充增加附加效果。

（5）用鼠标滑动不透明度选项的滑杆，选择填充需要的透明度。

（6）设定容差选项的参数值，在填充时 Photoshop CC 会根据这个参数值的大小来扩大或缩小以鼠标单击点为中心的填色范围。

2．使用"渐变工具" 填充颜色

"渐变工具"是一种特殊的填充工具，使用它能使图像或图像的选区填充一种连续的颜色。这种连续的颜色包括从一种颜色到另一种颜色和从透明色到不透明色等方式，可根据需要灵活选择运用。

"渐变工具"在工具箱中和"油漆桶工具"处于同一工具位置。在 Photoshop CC 默认情况下，工具箱上显示的是"油漆桶工具"。按住"油漆桶工具"不放，即会出现"渐变工具"的图标。选择"渐变工具"后，在 Photoshop CC 选项栏上会出现"渐变工具"的工具编辑条。

单击工具条上渐变显示框的下拉列表，会出现 Photoshop CC 系统预置的 16 种色彩渐变效果，单击任意一个色彩渐变效果方格，可以直接使用这种效果填充图像或图像选区，如图 9-22 所示。

如果需要自定义渐变的色彩，直接单击工具条上的渐变显示框，会弹出"渐变编辑器"对话框，可直接使用 Photoshop CC 预置的渐变效果进行编辑，如图 9-23 所示。

图 9-22　渐变工具条

图 9-23　"渐变编辑器"对话框

工具条上还提供了 5 种渐变形状模式的选择，包括"线性渐变"模式、"径向渐变"模式、"角度渐变"模式、"对称渐变"模式和"菱形渐变"模式，可以根据图像效果的需要选择任意一种形状模式，再进行颜色的编辑。

（1）使用渐变编辑器

- 新建渐变效果：从预置的预览框中选择一种渐变效果，改变它的设置，就能在它的基础上建立一种新的渐变效果。编辑完新的渐变效果后，单击"新建"按钮，就把新的渐变效果添加到当前显示的预置框中。

- 删除建立的渐变效果：在预置框中按住 Alt 键的同时单击要删除的渐变效果。

- 重命名：双击预置框中的渐变效果，在名称的文本框中输入新名称即可。

● 使用渐变色带：在"渐变编辑器"对话框下方的长方形的颜色显示框称为渐变色带。渐变色带上方的控制点表示颜色的透明度；下方的控制点表示颜色。当单击任何一个控制点时，会有一个小的菱形图标出现在单击的控制点和距离它最近的控制点之间，这个菱形代表着每一对颜色或不透明度之间过渡的中心点。拖动控制点就能改变渐变的颜色或透明度效果。单击渐变色带的空白处还能增加颜色或透明度的控制点，并移动控制点使渐变模式变得更富于变化。

● 渐变的平滑度设置：提高"平滑度"选项的参数，能使渐变得到更加柔和的过渡。

（2）创建实底渐变

① 在"渐变编辑器"对话框的"渐变类型"下拉列表框中选择"实底"。

② 选择渐变颜色：单击渐变色带下方的任意控制点，在"色标"选项组的"颜色"显示框中会显示该控制点的颜色，如图 9-24 所示。单击颜色显示框中的颜色，在弹出的"拾色器"对话框中进行渐变色彩的选择。

③ 选择渐变透明度：单击渐变色带上方的任意控制点，在"色标"选项组的"不透明度"文本框中会显示该控制点的透明度，如图 9-25 所示。单击"不透明度"文本框右侧的三角形图标 ，会显示"不透明度"的滑杆。可通过移动滑杆上的滑块来调节控制点的不透明度，也可以直接在"不透明度"文本框中输入相应的参数。

图 9-24　设置控制点的颜色

图 9-25　设置控制点的不透明度

④ 设置控制点的位置：设置好控制点的颜色和不透明度后，就能在渐变色带上左右移动控制点来调节该控制点的位置。除此之外，还能在设置控制点的颜色和不透明度时，在其对应的"位置"文本框中输入相应的参数来设置该控制点在透明色带上的位置。

⑤ 增加和删除控制点：单击渐变色带的空白处就能增加颜色或透明度的控制点；如果需要删除多余的控制点时，选择该控制点，单击"色标"栏中的"删除"按钮；或者选择要删除的控制点后，向渐变色带中心拖动该控制点，即可删除。

（3）制作渐变效果

① 选择菜单栏中的"文件"→"打开"命令，打开一个图像文件。

② 单击工具箱中的"渐变工具"按钮 ，然后单击选项栏的渐变显示框，在弹出的"渐变编辑器"对话框中编辑实底渐变效果，使其如图 9-26 所示。

③ 设置完渐变效果后，单击"新建"按钮，把新设置的渐变效果添加到当前显示的预置框中。然后单击"确定"按钮关闭"渐变编辑器"对话框。

④ 按 F7 键，单击"图层"面板中的"创建新图层"按钮 ，创建一个新的图层，并确定该新图层被选中，处于激活状态。

⑤ 单击工具箱中的"渐变工具"按钮 ，此时选项栏上的渐变显示框上显示的是刚设置好的渐变效果 。单击选项栏上的"径向渐变"按钮 ，选择"径向渐变"模式。

⑥ 在图像上用渐变工具拉出一条编辑线，如图 9-27 所示，从而确定渐变在图像中的方向。

图 9-26　编辑的渐变效果

图 9-27　确定渐变在图像中的方向

⑦ 拉完编辑线后，在图像上立刻呈现出渐变效果，如图 9-28 所示。

⑧ 返回到"图层"面板，在渐变图层上调节该图层的不透明度，使背景图层更清晰，如图 9-29 所示。

图 9-28　创建的渐变效果

图 9-29　调节图层的透明度

9.3.3　快速调整图像的颜色和色调

1. 颜色和色调调整选项的使用

在 Photoshop CC 菜单栏中的"图像"→"调整"子菜单中有很多关于图像颜色和色调调整的命令，下面将最常用的命令介绍如下。

- 色阶：色阶指图像中颜色的亮度范围。"色阶"对话框中的色阶分布图表示颜色在图像中亮度的分配。通过设置"色阶"对话框的选项能使图像的色阶趋于平滑和谐。
- 自动色阶：选择菜单栏中的"图像"→"调整"→"色阶"命令，在打开的对话框中选择自动，Photoshop CC 会自动调整整体图像的色彩分布。
- 自动亮度/对比度：选择菜单栏中的"图像"→"调整"→"亮度/对比度"命令，在打开的对话框中选择自动，Photoshop CC 就会自动调整整体图像的色调对比度，而不会影响到颜色。
- 曲线："曲线"命令可以调节图像中从 0～255 的各色阶的变化，拖动"曲线"对话框中的曲线能灵活地调整色调和图像的色彩特效。
- 色彩平衡：使用"色彩平衡"命令可以从高光、中间调和暗调 3 部分来调节图像的色彩，并通过色彩之间的关联来控制颜色的浓度，修复色彩偏色问题，达到平衡的效果。
- 亮度/对比度：使用"亮度/对比度"命令能整体地改善图像的色调，一次性调节图像的所有像素，包括高光、中间调和暗调。

- 色相/饱和度：调整色相是指调整颜色的名称类别；调整饱和度则使颜色更中性或更艳丽。颜色饱和度越高，颜色就越鲜艳。

- 去色：使用"去色"命令能删除色彩使图像呈现黑白图像效果。但在文件中仍保留颜色空间，以便还原色彩的需要。

- 替换颜色：使用"替换颜色"命令能改变图像中某个特定范围内色彩的色相和饱和度变化。可以通过颜色采样制作选区，然后再改变选区的色相、饱和度和亮度。

- 可选颜色：该命令比较适合于 CMYK 色彩模式，它能增加或减少青色、洋红、黄色和黑色油墨的百分数。当执行"打印"命令时，打印机提示需要增加一定百分比原色时，就可以使用这个命令。

- 通道混合器：该命令适用于调整图像的单一颜色通道，或将彩色图像转换为黑白图像。

- 渐变映射：使用"渐变映射"命令能使设置的渐变色彩代替图像中的色调。

- 反相：使用"反相"命令能反转图像的颜色和色调，生成类似于照相底片的颠倒色彩的效果，将图像中所有的颜色都变成其补色。

- 色调均化：使用"色调均化"命令能重新调整图像的亮度值，使白色代替图像中最亮的像素，黑色代替图像中最暗的像素，从而使图像呈现更均匀的亮度值。

- 阈值：使用"阈值"命令制作一些高反差的图像，能把图像中的每个像素转换为黑色或白色。其中，阈值色阶控制着图像色调的黑白分界位置。

- 色调分离：使用"色调分离"命令能指定图像中的色阶数目，将图像中的颜色归并为有限的几种色彩从而简化图像。

- 变化：使用"变化"命令能进行广泛的色彩调整，包括调整阴影、高光、饱和度、中间调的色相和亮度，并通过预览和比较变化后的效果进行效果的选择。

2. 调整图像的颜色和色调

（1）选择菜单栏中的"文件"→"打开"命令，打开"源文件\第 9 章\1.jpg"图像文件。

（2）按 F7 键，弹出"图层"面板，单击"创建新的填充或调整图层"按钮 ，在弹出的菜单中选择"色阶"命令。

（3）Photoshop CC 会弹出"色阶"对话框，如图 9-30 所示。这时，会发现对话框中的色阶分布偏向暗调部分，说明图像整体色彩表现偏暗。

（4）单击"色阶"对话框中的"自动"按钮，使 Photoshop CC 对图像进行自动色阶调节。自动色阶调节后，会发现图像的整体亮度已经变得明亮和谐，但整体颜色却偏黄。显然，"自动色阶"命令调整了整体色调，但却对图像的颜色产生了不符合需要的影响，如图 9-31 所示。

图 9-30 "色阶"对话框

图 9-31 自动色阶调节后的图像

（5）激活图层面板自动生成的"色阶1"图层，把该图层的"图层模式"由系统默认的"正常"改为"变亮"，如图 9-32 所示。这样，"自动色阶"命令将只会调整图像的色调而不会影响颜色。

使用"图像"→"调整"→"自动色阶"命令通常会改变图像的全部色调，而使用"图层"→"新建调整图层"→"色阶"命令，就能在自动生成的新图层中进行自动色阶的调整，而不会影响到原始图像。

（6）现在需要进一步调整图像的整体色调。选择菜单栏中的"图像"→"调整"→"色彩平衡"命令或按 Ctrl+B 组合键，打开"色彩平衡"对话框进行图像的色相调整。

（7）在"色彩平衡"对话框中选择"暗调"选项进行图像暗色调的调整，向蓝色方向拖动"黄色—蓝色"滑杆上的滑块来减少图像中的黄色像素。同时，在调整的过程中可以观察图像调整的预览效果不断地进行调整，最后"色彩平衡"对话框如图 9-33 所示。确定色彩调整效果后，单击对话框中的"确定"按钮退出色彩平衡的编辑。这时，可以看到图像不再有黄色的偏色，色彩比较和谐。

图 9-32　改变图层模式

图 9-33　"色彩平衡"对话框

（8）选择菜单栏中的"图像"→"调整"→"曲线"命令或按 Ctrl+M 组合键，打开"曲线"对话框进行图像的亮度调整。在对话框中往上拖动曲线，如图 9-34 所示。通过预览确定图像的亮度效果后，单击对话框中的"确定"按钮退出曲线的编辑。最后，图像调整效果如图 9-35 所示。

图 9-34　曲线面板

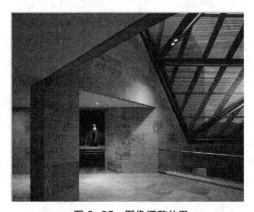

图 9-35　图像调整效果

9.3.4　重新着色控制

在图像处理中，经常会有些图像的某些区域需要进行重新着色，这时就要用到图层的混合模式。图层的混合模式控制当前图层的颜色和下层图层的颜色之间的合成效果。在"正常"模式下，添加的颜色会完全覆盖原始图像的颜色像素，但应用混合模式能改变颜色和添加的颜色之间的作用方式。

按 F7 键打开"图层"面板，在"模式"下拉菜单中共提供了 27 种混合模式，如图 9-36 所示。图层混合模式的功能如下。

图 9-36　图层混合模式

- 正常模式：图层模式处于正常模式下时，图层的颜色是正常化的，不会和它下面的图层进行色彩的相互作用。组合键为 Shift+Alt+N。

- 溶解模式：当图层的不透明度值为 100% 时，溶解模式和正常模式的效果是一样的。减少图层的不透明度值，溶解模式会使图像产生许多像溶解效果般的扩散点。不透明度值越低，图像的溶解扩散点就越疏，越能看得到下层图层的图像。组合键为 Shift+Alt+I。

- 变暗模式：使用变暗模式后，Photoshop CC 系统会自动比较出图像通道中最暗的通道，并从中选择这个通道使图像变暗。组合键为 Shift+Alt+K。

- 正片叠底模式：该模式使当前图层和下层图层如同两张幻灯片重叠在一起，能同时显示出两个图层的图像，但颜色较暗。组合键为 Shift+Alt+M。

- 颜色加深模式：该模式和颜色减淡模式会增加下层图像的对比度，并通过色相和饱和度来强化颜色。颜色加深模式会在这个过程中加深图像的颜色。

- 线性加深模式：该模式根据每个通道中的色彩信息和基本色彩的暗度，通过减少亮度来表现混合色彩。其中，和白色像素混合不会有变化。组合键为 Shift+Alt+A。

- 变亮模式：和变暗模式相反，Photoshop CC 系统会选择图像通道中最亮的通道使图像变亮。组合键为 Shift+Alt+G。

- 滤色模式：查看每个通道的颜色信息，并将混合色的互补色与基色进行正片叠底，结果色总是较亮的颜色。用黑色过滤时颜色保持不变，用白色过滤时将产生白色。此效果类似于多个摄影幻灯片在彼此之上投影。

- 颜色减淡模式：和颜色加深模式一样，只是颜色减淡模式在增加下层图像的对比度时，使图像颜色变亮。组合键为 Shift+Alt+D。

- 线性减淡模式：查看每个通道中的颜色信息，并通过增加亮度使基色变亮以反映混合色。与黑色混合则不发生变化。

- 浅色模式：比较混合色和基色的所有通道值的总和并显示值较大的颜色。"浅色"不会生成第三种颜色（可以通过"变亮"混合获得），因为它将从基色和混合色中选取最大的通道值来创建结果色。

- 叠加模式：使用该模式除了保留基本颜色的高亮和阴影颜色不会被替换外，使其他颜色混合起来表现原始图像颜色的亮度或暗度。组合键为 Shift+Alt+O。

- 柔光模式：该模式使下层图像产生透明、柔的画面效果。组合键为 Shift+Alt+F。

- 强光模式：该模式使下层图像产生透明、强光的画面效果。组合键为 Shift+Alt+H。

- 亮光模式：该模式根据混合的颜色来增加或减少图像的对比度。如果混合颜色亮于 50% 的灰度，图像就会通过减少图像色调的对比使整体色调变亮；如果混合颜色暗于 50% 的灰度，图像就会通过变暗来增加图像色调的对比。组合键为 Shift+Alt+V。

- 线性光模式：该模式根据混合的颜色来增加或减少图像的亮度。如果混合颜色亮于 50% 的灰度，图像就会通过增加亮度使整体色调变亮；如果混合颜色暗于 50% 的灰度，图像就会通过减少亮度来使图像变暗。组合键为 Shift+Alt+J。

- 点光模式：根据混合色替换颜色。如果混合色（光源）比 50% 的灰度亮，则替换比混合色暗的像素，而不改变比混合色亮的像素。如果混合色比 50%的灰度暗，则替换比混合色亮的像素，而比混合色暗的像素保持不变。这对于向图像添加特殊效果非常有用。

- 实色混合模式：将混合颜色的红色、绿色和蓝色通道值添加到基色的 RGB 值。如果通道的结果总和大于或等于 255，则值为 255；如果小于 255，则值为 0。因此，所有混合像素的红色、绿色和蓝色通道值要么是 0，要么是 255。这会将所有像素更改为原色：红色、绿色、蓝色、青色、黄色、洋红、白色或黑色。
- 差值模式：该模式会比较上下两个图层的图像颜色，形成图像的互补色效果。同时，如果像素之间没有差别值，会使该图像上显示的像素呈现出黑色。组合键为 Shift+Alt+E。
- 排除模式：和差值模式的功能是一样的，但会使图像的颜色更为柔和，整体为灰色调。组合键为 Shift+Alt+X。
- 色相模式：使用该模式会改变图像的颜色而不改变亮度和其他数值。组合键为 Shift+Alt+U。
- 饱和度模式：使用该模式将增加图像整体的饱和度，使图像色调更明亮。组合键为 Shift+Alt+T。
- 颜色模式：该模式使用图像基本颜色的亮度和混合颜色的饱和度、色相生成一个新的颜色，适用于灰色调和单色的图像。组合键为 Shift+Alt+C。
- 明度模式：用基色的色相和饱和度以及混合色的明亮度创建结果色。此模式创建与"颜色"模式相反的效果。组合键为 Shift+Alt+Y。

使用图层混合模式进行重新着色的实例如下。

（1）选择菜单栏中的"文件"→"打开"命令，打开配套光盘中的"源文件\第 9 章\2.jpg"图像文件。

（2）鼠标右击工具箱中的"套索工具"按钮，在弹出的隐藏菜单中选择"磁性套索工具"。使用"磁性套索工具"选取图像上的坐垫，如图 9-37 所示。

（3）按 F7 键，打开"图层"面板。然后在按住 Alt 键的同时单击"图层"面板中的"创建新的填充或调整图层"按钮，在弹出的菜单中选择"纯色"。

（4）在弹出的"拾色器"对话框中选择选区的颜色。

（5）单击"颜色库"按钮，进入"颜色库"对话框选择颜色。在"色库"下拉列表框中选择"PANTONE pastel coated"，然后在颜色选框中选择颜色"PANTONE 187 C"，如图 9-38 所示。

图 9-37 选择图像选区

图 9-38 选择色库中的颜色

（6）单击"确定"按钮退出"颜色库"对话框，这时图像上坐垫的颜色已经变成了刚才选择的颜色，但坐垫的亮度、饱和度等都没有变化，如图 9-39 所示。

（7）在"图层"面板上会自动增加一个蒙版图层，可以在这个图层上进一步修改色彩效果，而不会影响到原始的背景图层，如图 9-40 所示。如果对重新着色的效果不满意，还可以直接把这个图层拖到"图层"面板的"删除图层"按钮上，删除这个图层。

图 9-39　着色后的图像效果　　　　　　图 9-40　新增图层

9.3.5　通道颜色混合

1．通道

通道是 Photoshop CC 提供给用户的一种观察图像色彩和存储信息的手段，它能以单一颜色信息记录图像。一幅图像通过多个通道来体现色彩信息。同时，Photoshop CC 色彩模式的不同决定了不同的颜色通道。例如，RGB 色彩模式分为 3 个通道，分别表示红色（R）、绿色（G）、蓝色（B）3 种颜色信息。

选择"窗口"→"通道"命令，打开"通道"面板，如图 9-41 所示。可以使用图像的其中一个通道进行单独操作，观察通道所表示的色彩信息，并改变该通道的特性。

2．通道混合器

选择菜单栏中的"图像"→"调整"→"通道混合器"命令，打开"通道混合器"对话框，如图 9-42 所示。通过使用通道混合器，可以完成以下操作。

图 9-41　"通道"面板　　　　　　图 9-42　"通道混合器"对话框

- 有效地校正图像的偏色状况。
- 从每个颜色通道选取不同的百分比创建高品质的灰度图像。
- 创建高品质的带色调彩色图像。

3．通道混合器的使用

（1）通道混合器的工作原理：选定图像的其中一个通道作为输出通道，然后可以根据图像的该通道信息及其他通道信息进行加减计算，达到调节图像的目的。

（2）通道混合器的功能：输出通道可以是图像的任意一个通道，源通道则根据图像色彩模式的不同而变化，色彩模式为 RGB 时源通道为 R、G、B，色彩模式为 CMYK 时源通道为 C、M、Y、K。假设以绿色通道为当前选择通道，则在图像中操作的结果只在绿色通道中发生作用，因此绿色通道为输出通道。

通道混合器中的"常数"是指该通道的信息直接增加或减少颜色量最大值的百分比。

通道混和器只在图像色彩模式为 RGB、CMYK 时才起作用，在图像色彩模式为 LAB 或其他模式时不能进行操作。

9.3.6　黑白图像上色

在早期的摄影史中，照片都是黑白的，照片上色专家使用颜料和染料来为黑白照片上色。即使在如今彩色照片广泛传播时，在电脑上手工上色似乎也很流行。尤其在 Photoshop CC 中，为每种颜色创建一个单独的图层，可以有很大的灵活空间来控制每种颜色和黑白照片的相互作用过程。这样，就可以随心所欲地为黑白图像上色和修改，创造出让人耳目一新的效果。

黑白图像上色实例如下。

（1）在 Photoshop CC 中选择"文件"→"打开"命令，打开配套光盘中的"源文件\第 9 章\灯具.JPG"图像文件，如图 9-43 所示。然后选择菜单栏中的"图像"→"模式"→"RGB 颜色"命令，把图像由灰度模式转换为可上色的色彩模式。

（2）按 F7 键打开"图层"面板，按住 Alt 键单击"图层"面板底部的"创建新图层"按钮，打开"新建图层"对话框，分别设置"模式"和"不透明度"的参数如图 9-44 所示，单击"确定"按钮。

图 9-43　原始图像

图 9-44　设置"新建图层"对话框参数

（3）在刚刚创建的图层上添加颜色。单击工具箱中的"前景色设置工具"按钮，在弹出的"拾色器"对话框中选择需要添加的颜色，然后单击"确定"按钮，如图 9-45 所示。

（4）单击工具箱中的"画笔工具"按钮，在选项栏上设定相应的画笔大小，在图像上进行描绘。如果需要修改描绘的效果，可以使用工具箱中的"橡皮擦工具"将描绘的颜色进行擦除。描绘完以后，单击"图层"面板上背景图层前面的"指示图层可视性"按钮，关闭背景图层。这时，在图层 1 上进行的描绘如图 9-46 所示。

图 9-45　选择颜色

图 9-46　给图层 1 添加颜色

（5）重新打开背景图层，这时的图像效果如图 9-47 所示。用同样的方法，为每一个需要添加的颜色单独设置一个图层进行上色。这样，当某一个图层上的颜色不合适时，就可以调节该图层的"不透明度"或"模式"，比较容易调整画面效果。

（6）完成上色后，需要调整色彩的整体效果。选择菜单栏中的"图层"→"新建"→"组"命令，弹出"新建组"对话框，设置参数如图 9-48 所示，单击"确定"按钮。这样就可以编辑图层组来改变图层组中所有图层属性。另外，还可以单独编辑图层组中的每一个图层。

图 9-47　上色效果　　　　　　图 9-48　设置"新建组"对话框参数

（7）在"图层"面板上调整图层的位置，如图 9-49 所示。根据画面效果，通过编辑图层的"不透明度"或"模式"来调整画面的颜色强度效果。最后的图像效果如图 9-50 所示。

图 9-49　图层位置　　　　　　图 9-50　图像效果

第10章

大酒店室内设计后期处理

■ 本章讲解的是室内效果图制作流程中使用Photoshop进行后期处理这一步骤。通过演示大酒店室内效果图的图像处理，读者将掌握使用Photoshop进行图像的合并、变形、选择和调整色调的操作方法。

10.1　对大堂进行后期处理

本节主要介绍宾馆大堂的渲染图像在 Photoshop 中的调整方法和技巧。主要思路是：先打开前面输出的宾馆大堂文件，添加一系列贴图，然后调整效果图的整体效果。

（光盘：动画演示\第 10 章\对大堂进行后期处理.avi）

10.1　对大堂进行
后期处理

10.1.1　添加人物和饰物

（1）运行 Photoshop CC。

（2）选择菜单栏中的"文件"→"打开"命令，选择并打开本书配套光盘中的"源文件\效果图\大堂\大堂图像文件.jpg"图像文件。

（3）选择菜单栏中的"文件"→"打开"命令，选择并打开本书配套光盘中的"源文件\渲染\大堂\PS\E-A-001.psd"文件。选择工具箱中的"魔棒"按钮，在图像的透明背景上单击，再单击鼠标右键，在弹出的快捷菜单中选择"选取相似"命令，选中图像所有的透明区域，如图 10-1 所示。

图 10-1　选择透明区域

（4）选择菜单栏中的"选择"→"反向"命令，选取图像中的人物。然后，单击工具栏中的"移动工具"按钮，把选中的人物拖到大堂图像中。

（5）按 Ctrl+T 组合键对人物进行大小比例的缩放，使其在大堂中的大小和位置如图 10-2 所示。

（6）制作人物的投影。单击大堂图像的图层面板中的人物图层，按鼠标右键在快捷菜单中选择"复制图层"命令，并使复制的图层置于人物图层的下层。选择菜单栏中的"编辑"→"变换"命令，对复制的人物副本进行斜切变形，如图 10-3 所示。

（7）选择菜单栏中的"图像"→"调整"→"亮度/对比度"命令，在"亮度/对比度"面板中移动滑块进行调整，如图 10-4 所示。

图 10-2　调整人物大小比例和位置

图 10-3　对人物副本进行斜切变形

（8）激活人物投影图层并调整该图层的不透明度值，如图 10-5 所示。

图 10-4　调整亮度/不透明度

图 10-5　调整图层的不透明度

（9）添加其他人物。选择菜单栏中的"文件"→"打开"命令，选择并打开本书配套光盘中的"源文件\渲染\大堂\PS\E-B-019.psd"和"源文件\渲染\大堂\PS\E-C-009.psd"图像文件。按照同样的方法进行选取、移动、缩放和制作投影操作，如图 10-6 所示。

图 10-6　添加其他人物

（10）制作大堂墙壁上的文字。选择工具箱中的"文字工具"按钮 ，在视图上单击输入文字"客运宾馆"。使文字图层处于激活状态，单击"图层"面板下方的"添加图层样式"按钮 ，在弹出的快捷菜单中选择"投影"选项。

（11）在弹出的"图层样式"面板中进行文字图层投影的设置，如图 10-7 所示。

图 10-7　设置文字图层的投影

（12）在文字图层上单击右键，在快捷菜单中选择"删格化图层"命令使其转化为普通图层。选择菜单栏中的"编辑"→"变换"→"透视"命令，对文字进行透视变形，这时，大堂效果如图 10-8 所示。

图 10-8　大堂效果

10.1.2　调整效果图整体效果

（1）单击大堂的背景图层，按 Ctrl+L 组合键，打开"色阶"对话框，拖动对话框中的滑块调节画面的对比度，如图 10-9 所示。

（2）将图层面板中的所有图层合并，选择合并后的大堂图层，按 Ctrl+B 组合键打开"色彩平衡"对话框，通过拖动面板上的滑块来调节画面的色彩，如图 10-10 所示。

图 10-9　调节画面对比度

图 10-10　调节画面色彩

（3）选择菜单栏中的"滤镜"→"锐化"→"USM 锐化"命令，参数如图 10-11 所示。这样，整体画面效果将变得更明晰。

（4）根据画面效果还可继续进行整体的调整，最终的效果图如图 10-12 所示。

图 10-11　锐化滤镜参数

图 10-12　最终效果图

10.2　对标准间进行后期处理

本节主要介绍宾馆标准间的渲染图像在 Photoshop 中的调整方法和技巧。主要思路是：先打开前面输出的宾馆标准间文件，添加一系列贴图，然后调整效果图的整体效果。（光盘：动画演示\第 10 章\对标准间进行后期处理.avi）

10.2　对标准间进行后期处理

10.2.1　添加饰物

（1）运行 Photoshop CC。选择菜单栏中的"文件"→"打开"命令，选择并打开本书配套光盘中的

"源文件\第 10 章\标准间\标准间.jpg"。

（2）选择菜单栏中的"文件"→"打开"命令，选择并打开本书配套光盘中的"源文件\渲染\标准间\PS\植物.psd"图像文件，选取图像中的植物，如图 10-13 所示。

（3）单击工具栏中的"移动工具"按钮 ，把选中的植物拖到标准间图像中。按 Ctrl+T 组合键对植物进行大小比例的缩放，如图 10-14 所示。把植物调整到适当的大小后，将其放在窗台旁的茶几上。

（4）制作植物的投影。在图层面板中激活植物图层，在图像文件上按 Ctrl+A 组合键全选图层上的像素。然后，激活标准间图层，在图像文件上按 Ctrl+V 组合键粘贴植物图层。

图 10-13　选取植物

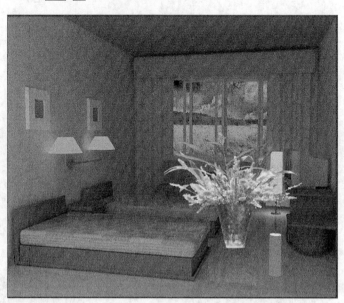

图 10-14　对植物进行比例缩放

（5）按 Crtl+T 组合键，单击鼠标右键，在弹出的快捷菜单中依次选择"垂直翻转"和"斜切"命令调整阴影的形状，如图 10-15 所示。调整后按 Enter 键进行确定。

（6）选择菜单栏中的"图像"→"调整"→"亮度/对比度"命令，在"亮度/对比度"面板中移动滑块进行调整，如图 10-16 所示。

图 10-15　调整阴影形状

图 10-16　调整亮度/对比度

（7）在图层面板上把该图层的不透明度数值设置为 20%，如图 10-17 所示。

（8）单击工具栏中的"框选工具"按钮 ▦，在图像文件上框选露出桌面的部分，然后按 Delete 键进行删除，如图 10-18 所示。

图 10-17　设置不透明度

图 10-18　框选多余部分

（9）在图层面板上单击植物图层，两次按 Ctrl+E 组合键向下合并图层，把植物、植物投影和标准间图层合并为一个图层。

10.2.2　调整效果图整体效果

（1）单击标准间图层，按 Ctrl+L 组合键，打开"色阶"对话框，拖动对话框中的滑块调节画面的对比度，如图 10-19 所示。

（2）按 Ctrl+B 组合键打开"色彩平衡"面板，"色彩平衡"面板的设置如图 10-20 所示。

图 10-19　调节画面对比度

图 10-20　调节画面色彩

（3）选择菜单栏中的"滤镜"→"锐化"→"USM 锐化"命令，参数如图 10-21 所示。这样，整体画面效果将变得更明晰。最后，标准间效果图如图 10-22 所示。

图 10-21　锐化滤镜参数

图 10-22　标准间效果图

10.3　对卫生间进行后期处理

10.3　对卫生间进
行后期处理

本节主要介绍宾馆卫生间的渲染图像在 Photoshop 中的各项调整方法和技巧。主要思路是：先打开前面输出的宾馆卫生间文件，添加一系列贴图，然后调整效果图的整体效果。

（光盘：动画演示\第 10 章\对卫生间进行后期处理.avi）

（1）运行 Photoshop CC。选择菜单栏中的"文件"→"打开"命令，选择并打开本书配套光盘中的"源文件\效果图\卫生间\卫生间图像文件.jpg"，如图 10-23 所示。

图 10-23　卫生间原始效果图

（2）按 Ctrl+L 组合键打开"色阶"对话框，在该对话框中拖动滑块，调节画面的对比度，如图 10-24 所示。然后，单击"确定"按钮，退出"色阶"对话框。

（3）按 Ctrl+L 组合键打开"色阶"对话框，在该对话框中拖动滑块，调节选中区域的亮度，如图 10-25 所示。然后，单击"确定"按钮，退出"色阶"对话框。

图 10-24　调节画面对比度

图 10-25　调节选中区域亮度

（4）调节整体画面的色彩。按 Ctrl+B 组合键打开"色彩平衡"面板，调节整体画面的色彩，如图 10-26 所示。

（5）单击工具栏中的"模糊工具"按钮 ，设定相应的画笔大小，对渲染时出现的阴影锯齿的边缘进行模糊处理。

（6）选择菜单栏中的"滤镜"→"锐化"→"USM 锐化"命令，参数如图 10-27 所示。这样，整体画面效果将变得更明晰。最后，卫生间效果图如图 10-28 所示。

图 10-26　调节画面色彩

图 10-27　锐化滤镜参数

图 10-28　卫生间效果图

10.4　对会议室进行后期处理

本节主要介绍宾馆会议室的渲染图像在 Photoshop 中的调整方法和技巧。主要思路是：先打开前面输出的宾馆会议室文件，添加一系列贴图，然后调整效果图的整体效果。

10.4　对会议室进行后期处理

（光盘：动画演示\第 10 章\对会议室进行后期处理.avi）

10.4.1 添加饰物

（1）运行 Photoshop CC。选择菜单栏中的"文件"→"打开"命令，选择并打开本书配套光盘中的"源文件\效果图\会议室图像文件.jpg"。

（2）选择菜单栏中的"文件"→"打开"命令，选择并打开本书配套光盘中的"源文件\渲染\标准间\PS\植物.psd"文件。选择工具箱中的"魔棒"按钮 ，在图像的白色背景上单击，选择菜单栏中的"选择"→"反向"命令，选取图像中的植物，如图 10-29 所示。

图 10-29　选取植物

（3）单击工具栏中的"移动工具"按钮 ，把选中的植物拖到标准间图像中。然后，按 Ctrl+T 组合键对植物进行大小比例的缩放，如图 10-30 所示。当调整到适当的大小后，按 Enter 键进行确定。

（4）单击工具栏中的"框选工具"按钮 ，在图像文件上框选沙发和植物重叠的部分，然后按 Delete 键进行删除，如图 10-31 所示。

图 10-30　调整植物大小

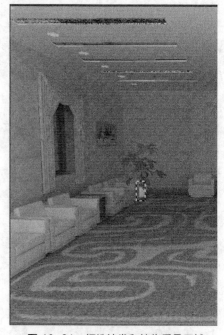

图 10-31　框选沙发和植物重叠区域

（5）用同样的方法导入相应路径下的"源文件\渲染\标准间\PS\花.psd"图像文件，并调整其大小将其放在会议室的茶几上。然后，依次按 Ctrl+A 组合键、Ctrl+C 组合键和 Ctrl+V 组合键，对图像进行图层全选、复制和粘贴。

（6）按 Ctrl+T 组合键，在自由变形编辑框中单击鼠标右键，在快捷菜单中选择"垂直翻转"命令，如图 10-32 所示。

（7）在图层面板上设置该图层的不透明度为 40%，然后使用"框选工具"按钮 ，选择下面露出茶几以外的部分，按 Delete 键进行删除。

图 10-32　垂直翻转

（8）在图层面板中激活该图层，按 Ctrl+E 组合键进行向下合并图层，把花图层和投影图层进行合并。然后，依次按 Ctrl+A、Ctrl+C 组合键和 Ctrl+V 组合键，再复制出两个同样的图像放在会议室另外两个茶几上。这时，会议室效果图如图 10-33 所示。

图 10-33　会议室效果图

10.4.2　调整效果图整体效果

（1）单击会议室图层，按 Ctrl+L 组合键，打开"色阶"对话框，拖动对话框中的滑块调节画面的对比度，如图 10-34 所示。然后，单击"确定"按钮，退出"色阶"对话框。

（2）调节整体画面的色彩。激活背景层取消对所有物体的选择，按 Ctrl+B 组合键打开"色彩平衡"面板，调节整体画面的色彩，如图 10-35 所示。

图 10-34　调节画面对比度

图 10-35　调节画面色彩

（3）选择菜单栏中的"滤镜"→"锐化"→"USM 锐化"命令，参数如图 10-36 所示。这样，整体画面效果将变得更明晰。最后，会议室效果图如图 10-37 所示。

图 10-36　锐化图像

图 10-37　会议室效果图

10.5　对公共走道进行后期处理

10.5　对公共走道
进行后期处理

本节主要介绍宾馆公共走道的渲染图像在 Photoshop 中的调整方法和技巧。主要思路是：先打开前面输出的宾馆公共走道文件，添加一系列贴图，然后调整效果图的整体效果。

（光盘：动画演示\第 10 章\对公共走道进行后期处理.avi）

（1）运行 Photoshop CC。选择菜单栏中的"文件"→"打开"命令，选择并打开本书配套光盘中的"源文件\效果图\公共走道\公共走道图像文件.jpg"。

（2）设置构图，由于图像两边较空，需要对图像进行裁切。单击工具箱中的"裁切工具"按钮 ，框选设置图像的构图，使图像多余的部分不被框选，显示为深色，如图 10-38 所示。

图 10-38　调整构图

（3）按 Ctrl+L 组合键打开"色阶"对话框，在该对话框中拖动滑块，调节画面的对比度，如图 10-39 所示。然后，单击"确定"按钮，退出"色阶"对话框。

（4）按 Ctrl+L 组合键打开"色阶"对话框，拖动滑块调节选中区域的亮度，如图 10-40 所示。

图 10-39　调节画面对比度

图 10-40　调节选中区域亮度

（5）退出"色阶"对话框后，按 Ctrl+B 组合键打开"色彩平衡"对话框，拖动滑块调节画面的色彩，如图 10-41 所示。然后，单击"确定"按钮，退出"色彩平衡"对话框。

图 10-41　调节画面色彩

（6）选择菜单栏中的"滤镜"→"锐化"→"USM 锐化"命令，参数如图 10-42 所示。这样，整体画面效果将变得更明晰。最后，公共走道效果图如图 10-43 所示。

图 10-42　锐化参数设置

图 10-43　公共走道效果图